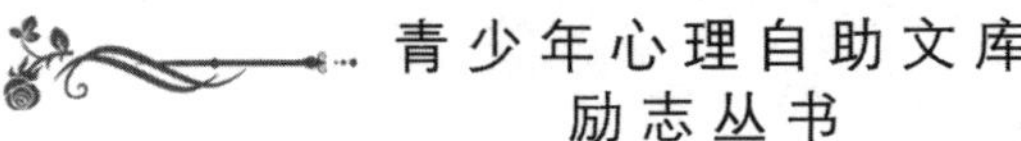

青少年心理自助文库
励志丛书

成就

梅花香自苦寒来

郭桂云/著

我们往往把成功看得那么神秘，那么高不可攀，其实，成功的大门只是虚掩着，只要轻轻一推，就可以打开。

中国出版集团 现代出版社

图书在版编目(CIP)数据

成就:梅花香自苦寒来 / 郭桂云著. —北京 : 现代出版社, 2013.12 (2021.3 重印)

(青少年心理自助文库)

ISBN 978-7-5143-1966-8

Ⅰ. ①成… Ⅱ. ①郭… Ⅲ. ①散文集-中国-当代 Ⅳ. ①I267

中国版本图书馆 CIP 数据核字(2013)第 313642 号

作　　者	郭桂云
责任编辑	杨学庆
出版发行	现代出版社
通讯地址	北京市安定门外安华里 504 号
邮政编码	100011
电　　话	010-64267325 64245264(传真)
网　　址	www.1980xd.com
电子邮箱	xiandai@cnpitc.com.cn
印　　刷	河北飞鸿印刷有限责任公司
开　　本	710mm×1000mm 1/16
印　　张	12
版　　次	2013 年 12 月第 1 版 2021 年 3 月第 3 次印刷
书　　号	ISBN 978-7-5143-1966-8
定　　价	39.80 元

前言
PREFACE

为什么当今一部分青少年拥有丰富的物质生活却依然不感到幸福、不感到快乐？怎样才能彻底走出日复一日的身心疲惫？怎样才能活得更真实、更快乐？我们越是在喧嚣和困惑的环境中无所适从，越觉得快乐和宁静是何等的难能可贵。其实“心安处即自由乡”，善于调节内心是一种拯救自我的能力。当我们能够对自我有清醒的认识，对他人能宽容友善，对生活无限热爱的时候，一个拥有强大的心灵力量的你将会更加自信而乐观地面对一切。

青少年是国家的未来和希望。对于青少年的心理健康教育，直接关系到其未来能否健康成长，承担建设和谐社会的重任。作为学校、社会、家庭，不仅要重视文化专业知识的教育，还要注重培养青少年健康的心态和良好的心理素质，从改进教育方法上来真正关心、爱护和尊重青少年。如何正确引导青少年走向健康的心理状态，是家庭、学校和社会的共同责任。心理自助能够帮助青少年改善心理问题，获得自我成长，最重要之处在于它能够激发青少年自觉进行自我探索的精神取向。自我探索是对自身的心理状态、思维方式、情绪反应和性格能力等方面的深入觉察。很多科学研究发现，这种觉察和了解本身对于心理问题就具有治疗的作用。此外，通过自我探索，青少年能够看到自己的问题所在，明确在哪些方面需要改善，从而“对症下药”。

我们常听到“思路决定出路，性格决定命运”的名言，“思路”是指一个人做事的思维和发展的眼光，它决定了个人成就的大小；“性格”是指一个人的

品格和心胸,做事要成功,做人必先成功。一个做人成功的人,事业才可能有长足的发展。

记得有位哲人曾说:“我们的痛苦不是问题本身带来的,而是我们对这些问题的看法产生的。”这句话正好体现了“思路”两字的含义。有时候我们由于视野的不开阔,看问题容易局限在某个小范围,而自己可能也就是在这个小范围内执意某些观点,因此导致自己无法找到出路而痛苦。如果我们能在面对问题时,让视野更开阔一些,看问题更加深入一些,或许我们会产生新的思路,进而能找到新的出路。

视野的开阔在一定程度上决定了思路的萌发。从某种程度上看,思路已是在你大脑中形成的对问题解决的模型,在思路实施前,自己已经通过自身的知识在大脑中做了模拟实施和预测判断。但无论是模型的形成,还是预测判断,都离不开自身的知识结构。知识结构越完善,自己的视觉就越开阔,就越能把握问题的本质,更加容易萌发新的思路。知识储备的广度在一定程度上决定了思路的高度。

本丛书从心理问题的普遍性着手,分别论述了性格、情绪、压力、意志、人际交往、异常行为等方面容易出现的一些心理问题,并提出了具体实用的应对策略,以帮助青少年读者驱散心灵的阴霾,科学调适身心,实现心理自助。

本丛书是你化解烦恼的心灵修养课,可以给你增加快乐的心理自助术;本丛书会让你认识到:掌控心理,方能掌控世界;改变自己,才能改变一切;只有实现积极的心理自助,才能收获快乐的人生。

目　录
CONTENTS

第一篇　坚持梦想，成就自己

第二篇　树立伟大的目标

第六篇　迈向成熟的人生

第一篇

坚持梦想，成就自己

坚持我们内心的梦想，就算有所现实阻拦那又怎样，拿出勇气向前冲，为梦想而拼搏。坚持自己的梦想，不是简单的“痴心不改”，更不是死板的“矢志不移”。而是坚持不懈，永不言弃。为自己的梦想付诸更多的行动，相信自己，你也能做到！在充分了解自己的特长和潜质的基础之上，相信自己能够成为什么样的人，并付出相应的努力，你就会成为什么样的人。梦想缔造了我们的生活，缔造了我们生活的意义。那么，我们应该以什么样的态度对待梦想呢？坚持自己的梦想有一个原则：不是去试，而是去做。

梦想成就伟大人生

我们每个人同样有着自己的梦想，或伟大，或渺小，或远在天边，或触手可及……坚持不一定成功，但放弃一定会失败。所以无论如何都要不放弃！

美国著名心理医生基恩博士常跟病人讲起自己小时候的改变他一生的经历：

一天，几个白人小孩正在公园里玩。这时，一位卖氢气球的老人推着货车进了公园。白人小孩一窝蜂地跑了上去，每人买了一个气球，兴高采烈地追逐着放飞的气球跑开了。白人小孩的身影消失后，基恩——那时还是一个黑人小孩，才怯生生地走到老人的货车旁，用略带恳求的语气问道："您能卖给我一个气球吗？"

"当然可以，"老人慈祥地打量了他一下，温和地说，"你想要什么颜色的？"

他鼓起勇气说："我要一个黑色的。"

脸上写满沧桑的老人惊诧地看了看这个黑人小孩，随后递给了他一个黑色的气球。

他开心地接过气球，小手一松，气球在微风中冉冉升起。

老人一边看着上升的气球，一边用手轻轻地拍了拍基恩的后脑勺，说："记住，气球能不能升起，不是因为它的颜色、形状，而是气球内充满了氢气。一个人的成败，不是因为种族、出身，关键是你的心中有没有自信。"

这个世界是由自信心创造出来的。充分的自信，是事业取得成功

的一个重要条件。

人们曾请艾萨克·阿西摩夫简述一下自己的经历，他写道：

“我决定从化学方面取得哲学博士学位，我做到了；我决定娶一位非同寻常的姑娘，我做到了；我决定写故事，我做到了；然后我决定写小说，我做到了；以后我又决定写论述科学的书，我也做到了。最后，我决定成为一位整个时代的作家，我确实变成了这样一个人。”

这些幽默打趣的话，只有自信十足的人才能说得出来。

阿西摩夫的自信不是没有道理的。因为他有自知之明，加上他拥有实力雄厚的知识。他提出的“知识就是力量”这句名言则早已成为家喻户晓的真理了。

这位生物化学副教授曾在波士顿大学的实验室里工作着，但是他却在那儿断定：自己的前途是在打字机上，而不是在显微镜下。他回忆道：“我明白，我决不会成为一个第一流的科学家，但是我可能成为一个第一流的作家。就这样，我做出这样的选择：决定做我能够做得最好的事情。”

于是，他以惊人的速度不停地写啊、写啊、写……；不，更精确地说，是在打字机上打啊、打啊……。他的大脑和双手一样，简直没有停歇的时候。因为在他脑海中，同时酝酿的创作题材从来不少于3个。一星期7天他总是坐在堆满了各种各样的书籍报刊的办公桌旁，每天至少打字8小时。他以每分钟90个字的速度边打边构思。但手指的动作仍跟不上风驰电掣般地思绪。他常常一个星期就能写出一部书，当他的手稿刚从打字机上取下就直接送给了排字机。阿西摩夫已经成为当代一位百科全书式的杰出人物。他的精神感人之深，他的巨著影响之大都是罕见的！

在充分了解自己的特长和潜质的基础之上，相信自己能够成为什么样的人，并付出相应的努力，你就会成为什么样的人。

杰弗里·波蒂洛这样讲述自己早些年的经历：

我记得小学六年级的时候，考试考第一名，老师送我一本世界地

图，我好高兴，跑回家就开始看这本世界地图。很不幸，那天轮到我为家人烧洗澡水。我就一边烧水，一边在灶边看地图，看到一张埃及地图，想到埃及很好，埃及有金字塔，有埃及艳后，有尼罗河，有法老王，有很多神秘的东西……心想，长大以后如果有机会，我一定要去埃及。

我正看得入神的时候，突然有一个大人从浴室冲出来，胖胖的围一条浴巾，用很大的声音跟我说：你在干什么？"

我抬头一看，原来是我爸爸，我说："我在看地图。"

爸爸很生气，说："火都熄了，看什么地图？"

我说："我在看埃及的地图。"

我父亲就跑过来"啪、啪！"给我两个耳光，然后说："赶快生火！看什么埃及地图？"打完后，踢我屁股一脚，把我踢到火炉旁边去，用很严肃的表情跟我讲："我给你保证，你这辈子不可能到那么遥远的地方！赶快生火。"

我当时看着我爸爸，呆住了，心想："我爸爸怎么给我这么奇怪的保证，真的吗？这一生真的不可能去埃及吗？"

20 年后，我第一次出国就去埃及，我的朋友都问我："到埃及干什么？"那时候还没开放观光，出国很难的。我说："因为我的生命不要被保证。"自己就跑到埃及去旅行。

有一天，我坐在金字塔前面的台阶上，买了张明信片写信给我爸爸。我写道："亲爱的爸爸：我现在在埃及的金字塔前面给你写信。记得小时候，你打我两个耳光，踢我一脚，保证我不能到这么远的地方来，现在我就坐在这里给你写信。"

写的时候我感触非常的深……

"我的生命不要被别人保证！"这是一种多么催人奋进的自信啊！

一个人想要成功必须自信。不要让别人的消极思想阻碍你前进的步伐。只要不把你的命运交给别人，你就能决定自己的命运。

一位举重运动员讲过这样的故事：

身为一个举重者，我最大的障碍是如何突破当前的瓶颈，顺利地举起 227 公斤的重量。

几乎每一位运动员在某一段时间都会遇到瓶颈，像是无法突破既有的分数、表演形式或演出水准；也可能是无法超越快速球的速度、射击的准确性、竞赛的时间、某一高度或距离。

我在举重训练中稳定地持续克服更高的重量限制：从 180 公斤，200 公斤，215 公斤，222 公斤，224 公斤，一直到 225 公斤。但我举不起 227 公斤的重量。虽然我口口声声说我自己一定能够举起 227 公斤的重量，但我心中并不以为然。

当你举重达到一定重量时，你通常不会自己抬着举重杆，否则在你举重开始前，你已经疲惫不堪了。所以一般而言，都由教练或看守员帮你抬着举重杆。

有一天我的教练对我说："嗳，吉姆，让我们再试一次，然后就可以洗个澡回家。来吧，再举一次 180 公斤。"

我举起重量杆，然后我的教练宣布："我的天！我想他们弄错了，我敢肯定这个杆子有 229 公斤！"

有时候，阻碍我们成功的主要障碍，不是我们能力的大小，而是我们限制自我潜能发挥的消极心态。

坚持自己的梦想，不是简单的"痴心不改"，更不是死板的"矢志不移"，而是坚持不懈，永不放弃，为自己的梦想付出更多的行动。

做个有目标有自信的人

人生需要目标，有目标才有奋斗，有奋斗才有充实感。要充实必定要自信。人生并非是一帆风顺，永无波浪，它是一条充满艰辛坎坷、曲折，充满挑战，充满挫折的旅途。

当新的一天又到来时，你是否把自己定格在忙碌中？当太阳升起时，你是否把握住那每一缕阳光？有目标有自信的人，在忙碌中依然能感受太阳的温馨，依然能嗅出生活的七彩光环，因为只有自信才能体验出人生的内涵。

美国著名女演员索尼亚·斯米茨的童年是在加拿大渥大华郊外的一个奶牛场里度过的。

当时她在农场附近的一所小学里读书。有一天她回家后很委屈地哭了，父亲就问原因。她断断续续地说："班里一个女生说我长得很丑，还说我跑步的姿势难看。"父亲听后，只是微笑。忽然他说："我能摸得着咱家天花板。"正在哭泣的索尼亚听后觉得很惊奇，不知父亲想说什么，就反问："你说什么？"

父亲又重复了一遍："我能摸得着咱家的天花板。"

索尼亚忘记了哭泣，仰头看看天花板。将近 4 米高的天花板，父亲能摸得到？她怎么也不相信。父亲笑笑，得意地说："不信吧？那你也别信那女孩的话，因为有些人说的并不是事实！"

索尼亚就这样明白了，**不能太在意别人说什么，要自己拿主意！**

她在二十四五岁的时候，已是个颇有名气的演员了。有一次，她要去参加一个集会，但经纪人告诉她，因为天气不好，只有很少人参

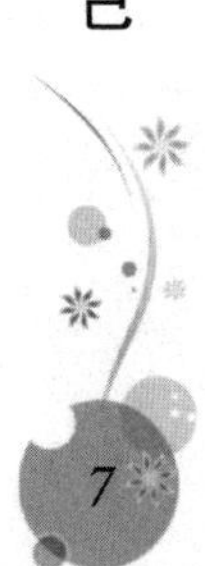

加这次集会，会场的气氛有些冷淡。经纪人的意思是，索尼亚刚出名，应该把时间花在一些大型的活动上，以增加自身的名气。索尼亚坚持要参加这个集会，因为她在报刊上承诺过要去参加，“我一定要兑现诺言。”结果，那次在雨中的集会，因为有了索尼亚的参加，广场上的人越来越多，她的名气和人气因此骤升。

后来，她又自己做主，离开加拿大去美国演戏，从而闻名全球。

坎坷人生，很多时候我们都要自己拿主意！自己拿主意是自信的表现。当然，这并不意味着一意孤行，而是忠于自己，相信自己。

有一天，一位禅师为了启发他的门徒，给他的徒弟一块石头，叫他去蔬菜市场，并且试着卖掉它。这块石头很大，很好看。但师父说：“不要卖掉它，只是试着卖掉它。注意观察，多问一些人，然后只要告诉我在蔬菜市场它能卖多少钱。”这个人去了。在菜市场，许多人看着石头想：它可以作很好的小摆件，我们的孩子可以玩，或者我们可以把这当作称菜用的秤砣。于是他们出了价，但只不过几个小硬币。他说：“它最多只能卖到几个硬币。”

师父说：“现在你去黄金市场，问问那儿的人。但是不要卖掉它，光问问价。”从黄金市场回来，这个门徒很高兴，说：“这些人太棒了。他们乐意出到1000块钱。”师父说：“现在你去珠宝商那儿，但不要卖掉它。”他去了珠宝商那儿。他简直不敢相信，他们竟然乐意出5万块钱，他不愿意卖，他们继续抬高价格，他们出到10万。但是这个人说：“我不打算卖掉它。”他们说：“我们出20万、30万，或者你要多少就多少，只要你卖！”这个人说：“我不能卖，我只是问问价。”他不能相信：“这些人疯了！”他自己觉得蔬菜市场的价已经足够了。

师父拿回石头说：“我们不打算卖了它，不过现在你明白了，这个要看你，是不是有试金石、理解力。如果你是生活在蔬菜市场，那么你只有那个市场的理解力，你就永远不会认识更高的价值。”

你了解自己的价值吗？只有你信心十足，不断提高自己的能力和

提升自我价值，别人才可能把你当成宝石看待。

从前有个年轻人常为失眠而烦恼万分。

有天晚上，他上床后辗转不眠，因为他债台高筑，早已过了支付期限，按目前的经济状况，他无力还债。

沉闷了半夜，他忽然向自己提问，“许多人能轻松自如地还债，我不能，这到底是为什么?”这一提问完全改变了他的人生思路，把他引向了有希望的、辉煌的人生。

后半夜，他开始剖析自己，并得出一个结论：他和所有的人一样在生活着。在漫长的黑夜中，他把自己和境遇好的人做了比较，结果发现，无论处于什么样的境况，他所欠缺的，别人也同样欠缺。

唯独一个例外，就是缺少“我能行!”的信念。

云层开始染上金黄色的旭光时，人生的金黄色秘诀已经开始渗透在他的心灵里。过去失眠后的那些早晨，起床时他总是懒洋洋的，一副疲惫不堪的模样，这天他一反常态，用孩子般喜悦的心情从床上跃起，完全判若两人。

从此，在他的身上发生了奇迹。一年后，他有了可观的收入，并住进了完全按他所喜好设计的新房子里。

他今非昔比了。

一个人越自信，他的才智就发展得越快。尽快树立“我能行!”的信念吧，你的生活会随之改变的。

萨克是日本某市的居民。在她十几岁的时候，她就常常憧憬自己有朝一日能够去美国，她说：“我脑际中常常出现这样一幅画面：父亲坐在客厅中央看报，母亲在忙着烘烤糕点，他们19岁的女儿正在精心打扮，准备和男友一块去看电影。”

萨克终于能够在加州完成她的大学学业。当她到那里时，她发现那里与她梦想中的世界却大相径庭。“人们为各种各样的麻烦事所困扰，努力做，他们看上去紧张而压抑，”她又说，“我感到孤独极了。”

最让她感到头痛的课程之一是体育课。“我们打排球。其他的学生都打得很棒，可我不行。”一天下午，教师示意萨克将球传给队员，以便让她们接受扣球训练。最简单不过的一件事却让萨克胆怯了。她担心失败后将遭到队友的嘲笑。这时，一个年轻人大概体会到了她的心境。“他走上来对我小声说：‘来，你能行的！’你也许永远都不能体会到这短短的一句话多么令我振奋，四个字：你能行的。我几乎感动得哭出声来。我整节课都在传球，也许是为了感激那个年轻人，我自己也说不清。”萨克说。

6 年过去了。萨克已有 27 岁，她又回到日本，当起了推销员。“我从未忘记过这句话，”她说，“每当我感到胆怯时，我便会想起它——你能行的。”她确信那个年轻人一定不知道他的那简单的一句话对她来说意味着什么。“他也许根本就不记得了。”

她此后一直在日本，然而她始终记得这么一句话：你能行的。

信念是人生征途中的一颗明珠，既能在阳光下熠熠发亮，也能在黑夜里闪闪发光。在遇到挫折的时候，用这句话来为自己打气吧：你能行的！

1842 年 3 月，在百老汇的社会图书馆里，著名作家爱默生的演讲激动了年轻的惠特曼：“谁说我们美国没有自己的诗篇呢？我们的诗人文豪就在这儿呢！……”这位身材高大的当代大文豪的一席慷慨激昂、振奋人心的讲话，使台下的惠特曼激动不已，热血沸腾，他浑身升腾起一股力量和无比坚定的信念，他要渗入到各个领域、各个阶层、各种生活方式中。他要倾听大地的、人民的、民族的心声，去创作新的不同凡响的诗篇。

1854 年，惠特曼的《草叶集》问世了。这本诗集热情奔放，冲决了传统格律的束缚，用新的形式表达了民主思想和对种族、民族和社会压迫的强烈抗议。它对美国和欧洲诗歌的发展起了巨大的影响。

《草叶集》的出版使远在康科德的爱默生激动不已。诞生了！国人期待已久的美国诗人在眼前诞生了，他给予这些诗以极高的评价，

称这些诗是“属于美国的诗”，“是奇妙的”“有着无法形容的魔力”，“有可怕的眼睛和水牛的精神。”

《草叶集》受到爱默生这样很有声誉的作家的褒扬，使得一些本来把它评价得一无是处的报刊马上换了口气，温和了起来。但是惠特曼那创新的写法，不押韵的格式，新颖的思想内容，并非那么容易被大众所接受，他的《草叶集》并未因爱默生的赞扬而畅销。惠特曼从中增添了信心和勇气。1855 年底，他印起了第二版，在这版中他又加进了二十首新诗。

1860 年，当惠特曼决定印行第三版《草叶集》，并将补进些新作时，爱默生竭力劝阻惠特曼取消其中几首刻画“性”的诗歌，否则第三版将不会畅销。惠特曼却不以为然地对爱默生说：“那么删后还会是这么好的书吗?”爱默生反驳说：“我没说‘还’是本好书，我说删了就是本好书!”执着的惠特曼仍是不肯让步，他对爱默生表示：“在我灵魂深处，我的意念是不服从任何的束缚，而是走自己的路。《草叶集》是不会被删改的，任由它自己繁荣和枯萎吧!”他又说：“世上最脏的书就是被删灭过的书，删减意味着道歉、投降……”

第三版《草叶集》出版并获得了巨大的成功。不久，它便跨越了国界，传到英格兰，传到世界许多地方。

爱默生说过：“偏见常常扼杀很有希望的幼苗。”为了避免自己被“扼杀”，只要看准了，就要充满自信，敢于坚持走自己的路。

追求你的梦想

梦想可以通过一定的方式和途径，通过自己的努力和拼搏成为现实。梦想最大的意义是给予人们一个方向，一个目标。**如果只把梦想当做梦，那么这样的人生可以说没有什么亮点。梦想使人伟大，人的伟大就是把梦想作为目标来执着的追求！**

一天，马克将一只鹰蛋带到他父亲的养鸡场。他把鹰蛋和鸡蛋混在一起让母鸡孵化。后来母鸡孵化成功。于是一群小鸡里出现了一只小鹰。小鹰与小鸡们一样生活着，极为平静安适，小鹰根本不知道自己不同于小鸡。

小鹰长大了，发现小鸡们总是用异样的眼神看着自己。它想：我绝不是一只平常的小鸡，我一定有什么不同于小鸡的地方。可是它却无法证明自己的怀疑，为此十分烦恼。直到有一天，一只老鹰从养鸡场上飞过，小鹰看见老鹰自由地舒展翅膀，顿时感觉自己的两翼涌动着一股奇妙的力量，心里也激烈地震荡起来。它仰望着高空自由翱翔的老鹰，心中无比羡慕。它想：要是我也能像它一样该多好，那我就可以脱离这个偏僻狭小的地方，飞上天空，栖在高高的山顶之上，俯瞰大地和人间。

可是怎么能够像老鹰一样呢？它从来没有张开过翅膀，没有飞行的经验。如果从半空中坠下岂不粉身碎骨吗？犹豫、徘徊、冲动，经过一阵紧张激烈的自我内心斗争，小鹰终于决定甘冒粉身碎骨的风险，展翅高飞。

它终于起飞了，飞到了空中。它带着极度的兴奋，再用力往高空

飞翔，飞翔……

小鹰成功了。它这才发现：世界原来这么广阔，这么美妙！

敢于探索，完全地展示自己的才能，实现了自己追求的人，才能领略到人生的最高的喜悦和欢愉。

19 岁的伯杰是一个富商的儿子。

一天晚餐后，伯杰正在欣赏深秋美妙的月色。突然，他看见窗外的街灯下站着一个和他年龄相仿的青年，那青年身着一件破旧的外套，清瘦的身材显得很羸弱。

他走下楼去，问那青年为何长时间地站在这里？

青年满怀忧郁地对伯杰说：“我有一个梦想，就是自己能拥有一座宁静的公寓，晚饭后能站在窗前欣赏美妙的月色。可是这些对我来说简直太遥远了。”

伯杰说：“那么请你告诉我，离你最近的梦想是什么？”

“我现在的梦想，就是能够躺在一张宽敞的床上舒服地睡上一觉。”

伯杰拍了拍他的肩膀说：“朋友，今天晚上我可以让你梦想成真。”

于是，伯杰领着他走进了堂皇的公寓。然后把他带到自己的房间，指着那张豪华的软床说：“这是我的卧室，睡在这儿，保证像天堂一样舒适。”

第二天清晨，伯杰早早就起床了。他轻轻推开自己卧室的门，却发现床上的一切都整整齐齐，分明没有人睡过。伯杰疑惑地走到花园里。他发现，那个青年人正躺在花园的一条长椅上甜甜地睡着。

伯杰叫醒了他，不解地问：“你为什么睡在这里？”

青年笑笑说：“你给我这些已经足够了，谢谢……”说完，青年头也不回地走了。

30 年后的一天，伯杰突然收到一封精美的请柬，一位自称是他“30 年前的朋友”的男士邀请他参加一个湖边度假村的落成庆典。

在这里，他不仅领略了眼前典雅的建筑，也见到了众多社会名流。接着，他看到了即兴发言的庄园主。

“今天，我首先感谢的就是在我成功的路上，第一个帮助我的人。他就是我30年前的朋友——伯杰……”说着，他在众多人的掌声中，径直走到伯杰面前，并紧紧地拥抱他。

此时，伯杰才恍然大悟。眼前这位名声显赫的大亨特纳，原来就是30年前那位贫困的青年。

原来，当伯杰把那个青年带进寝室的时候，青年真不敢相信梦想就在眼前。

不管别人给你提供多么优越的条件，都不是属于你自己的；你应该把自己的梦想交给自己，去努力开创真正属于自己的生活！

麦克斯先生讲述了自己这样的经历：

在富兰克林·罗斯福当政期间，我为他太太的一位朋友动过一次手术。罗斯福夫人邀请我到华盛顿的白宫去。我在那里面的黄厅中过了一夜，据说隔壁就是林肯总统曾经睡过的地方。我感到非常荣幸。岂止荣幸？简直受宠若惊。那天夜里我一直没睡。我用白宫的文具纸张，写信给我的母亲、给我的朋友，甚至还给我的一些冤家。

“麦克斯，”我从心里对自己说，“你来到这里了。”

早晨，我下楼用早餐，罗斯福总统夫人是那里的女主人；她是一位可爱的美人；她的眼中露着特别迷人的神色。我吃着盘中的炒蛋，接着又来了满满一托盘的鲑鱼。我几乎什么都吃，但对鲑鱼一向讨厌。我畏惧地对着那些鲑鱼发呆。

罗斯福夫人向我微微笑了一下。“富兰克林喜欢吃鲑鱼。”她说，指的是总统先生。

我考虑了一下。“我算个什么人物？”我心里想：“竟敢拒吃鲑鱼？总统既然觉得很好吃，我就不能觉得很好吃吗？”

于是，我切了鲑鱼，将它们与炒蛋一道吃了下去。结果，那天午后我一直感到不舒服，直到晚上，仍然感到要呕吐。

别人眼中的成功和快乐不一定适合你，为了获得理想的人生，你必须设定你自己的标准。

哈蒙德夫人是个年迈的盲人，但她决心不依赖他人，每日黄昏独自外出散步，以锻炼身体并呼吸新鲜空气。她用一根手杖触摸四周物体，日久便对它们的位置了如指掌，因此从未迷过路。

但有一天，有人砍倒了长在她散步必经的某条小路旁边的一些松树，于是黄昏散步时，她的手杖触不到这些熟悉的松树，这下子她可碰到麻烦了。

她停了下来，凝神静听了一会，却听不到有其他人的声音，她就又往前走了一两公里，此时她听见脚下有流水声。

“冰?”她叫了起来，止住脚步，“我迷路了吗？大概是吧。现在我十有八九站在一座桥上，而且脚下肯定是条河。记得有人曾告诉我这个地带有条河，但我不知道它的确切位置。我怎样才能从这儿回到我的小屋去呢?”

突然，她听到旁边传来一名男子的友好问话声：“打扰了，我能帮您点什么忙?”

“您心地可真好!”哈蒙德夫人说，“好呀，那我就不客气了。我每天傍晚散步时用来认路的一些树被伐倒了，要不是这么幸运地碰见您的话，我真的不知道该怎么办才好。请您帮我回家，好吗?”

“当然可以，”那男子答道，“您住哪儿?”

哈蒙德夫人将地址告诉了他，于是他们上路了。那名男子带她回小屋后，老人邀他进来坐坐，并请他喝咖啡、吃糕点。她向他表示了深深的谢意。

“别谢我，”他答道，“我还想谢您呢!”

“谢我?”哈蒙德夫人十分惊讶，“这到底是为了什么?”

“哦!”那男子平静地答道，“实不相瞒，遇您之前，我已在黑暗中站在那座桥边很久很久了，因为我想下定决心跳到河里把自己淹死算了，但现在我再也不想这么做了。”

“天生我材必有用。”世界上没有任何一个人是多余的。当你感到极度消沉的时候，不要忽视了自己在生活中的价值。

下面这封信是后来成为美国第16任总统的亚伯拉罕·林肯写给他的异母的弟弟詹斯顿的。当时，林肯的继母莎莉·布什－林肯住在伊利诺伊州卡斯县的一个农场。她的儿子詹斯顿，一个刚愎自用、好吃懒做的人，曾和林肯一起劳动。他来信向林肯借钱，这封信是林肯的回答。亲爱的詹斯顿：

我想现在不能答应你要80元钱的要求。每次我给你一点帮助，你就对我说，“我们现在可以相处得很好了。”但过不多久我发现你又没钱用了。你之所以这样，是因为你的行为上有缺点。这个缺点是什么，我想你是知道的。你不懒，但你毕竟是一个游手好闲的人。我怀疑自从上次见到你后，你是不是好好地劳动过一整天。你并不完全讨厌劳动，但你不肯多做。这仅仅是因为你觉得从劳动中得不到什么东西。

这种无所事事浪费时间的习惯正是整个困难之所在。这对你是有害的，对你的孩子们也是不利的。你必须改掉这个习惯。孩子们还有更长的生活道路，养成良好习惯对他们更重要。他们从一开始就保持勤劳，这要比他们从懒惰习惯中改正过来容易。

现在你需要一些现钱用，我的建议是，你应该去劳动，全力以赴地劳动而赚取报酬。

让父亲和孩子们照管你家里的事——备种、耕作。你去做事，尽可能地多挣些钱，或者还清你欠的债。为了保证你劳动有一个合理的优厚报酬，我答应从今天起到明年5月1日，你用自己的劳动每挣一元钱或抵消一元钱的债务，我愿另外给你1元。

这样，如果你每月做工挣10元，就可以从我这儿再得到10元，那么你做工一月就净挣20元了。你可以明白，我并不是要你到圣·路易斯或是去加利福尼亚的铅矿、金矿去；我是要你就在家乡卡斯镇附近做你能找到的有最优厚待遇的工作。

如果你愿意这样做，不久你就会还清债务，而且你会养成一个不再负债的好习惯，这岂不更好？反之，如果我现在帮你还清了债，你明年又会照旧背上一大笔债。你说你几乎可以为七八十元钱放弃你在天堂里的位置，那么你把你天堂里位置的价值看得太不值钱了，因为我相信如果你接受我的建议，工作四五个星期就能得到七八十元。你说如果我把钱借给你，你就把地抵押给我，如果你还不了钱，就把土地的所有权交给我——简直是胡说！如果你现在有土地还活不下去，你没有土地又怎么过活呢？你一直对我很好，我也并不想对你刻薄；相反地，如果你接受我的忠告，你会发现它对你比 10 个 80 元还有价值。

你的哥哥

A. 林肯

1848 年 12 月 24 日

一个人在社会上立足，应该追求自强自立，依靠自己的双手赚取报酬，不能过分依赖别人。

梦想即是人们在梦里所大胆的想象，不一定会实现，但只是一个美好的期望。有梦想的才是真正意义上的生活，它便是人生活的动力！梦都是美的，所以美梦成真也成了我们长久以来的信仰。

梦想是一个人在很多时候的信仰。它是人在做事情时候的动力。并且，梦想也理应被渲染上浪漫的色彩。它没有宗教，不爱金钱，不图权力，它是一个人心里的美好部分。它可以默默无名，但是，它不可以蹂躏践踏！

完善自己的情绪和性格

每个人都有自己不同的生活方式，我们不必为了迎合别人而改变自己。没有百分之百的完善性格，每一个人都有自己的个性，这是不可改变的，也不需要改变，但是如果说这种个性影响了自己的生活，那么就可以完善自己的性格！

斯特是一名普通的汽车修理工，生活虽然勉强过得去，但离自己的理想还差得很远，他希望能够换一份待遇更好的工作。有一次，他听说底特律一家汽车维修公司在招工，便决定前去试一试。他星期日下午到达底特律，面试的时间是在星期一。

吃过晚饭，他独自坐在旅馆的房间，想了很多，把自己经历过的事情都在脑海中回忆了一遍。突然间，他感到一种莫名的烦恼：自己并不是一个智商低下的人，为什么至今依然一无所成，毫无出息呢？

他取出纸笔，写下了 4 位自己认识多年、薪水比自己高、工作比自己好的朋友的名字。其中两位曾是他的邻居，已经搬到高级住宅区去了，另外两位是他以前的老板。他扪心自问：与这 4 个人相比，除了工作以外，自己还有什么地方不如他们呢？是聪明才智吗？凭良心说，他们实在不比自己高明多少。经过很长时间的反思，他终于悟出了问题的症结——自己性格情绪的缺陷。在这一方面，他不得不承认比他们差了一大截。

虽然已是深夜 3 点钟了，但他的头脑却出奇的清醒。觉得自己第一次看清了自己，发现了自己过去很多时候不能控制自己的情绪的缺陷，例如爱冲动、自卑，不能平等地与人交往等等。

整个晚上，他都坐在那儿自我检讨。他发现自从懂事以来，自己就是一个极不自信、妄自菲薄、不思进取、得过且过的人；他总是认为自己无法成功，也从不认为能够改变自己的性格缺陷。

于是，他痛下决心，自此而后，决不再有不如别人的想法，决不再自贬身价，一定要完善自己的情绪和性格，弥补自己在这方面的不足。

第二天早晨，他满怀自信地前去面试，顺利地被录用了。在他看来，之所以能得到那份工作，与前一晚的感悟以及重新树立起的这份自信不无关系。

在走马上任的两年内，凯斯特逐渐建立起了好名声，人人都认为他是一个乐观、机智、主动、热情的人。在后来的经济不景气中，每个人的情绪因素都受到了考验。而此时，凯斯特已是同行业中少数可以做到生意的人之一了。公司进行重组时，分给了凯斯特可观的股份，并且加了薪水。

并非所有的成功都来自你的智慧，更重要的是发现自己的不足，使生活中起更大作用的性格情绪得以完善。只有这样，才能在事业中不断前进，实现自己的梦想。

在美国耶鲁大学300周年校庆之际，全球第二大软件公司“甲骨文”的CEO、世界第四富豪艾里森应邀参加典礼。艾里森当着耶鲁大学校长、教师、校友、毕业生的面，说出一番惊世骇俗的言论。他说：“所有哈佛大学、耶鲁大学等名校的师生都自以为是成功者，其实你们全都是失败者，因为你们以在有过比尔·盖茨等优秀学生的大学念书为荣，但比尔·盖茨却并不以在哈佛读过书为荣。”

这番话令全场听众目瞪口呆。至今为止，像哈佛、耶鲁这样的名校从来都是令几乎所有人敬畏和神往的，艾里森也太狂了点儿吧，居然敢把那些骄傲的名校师生称为“失败者”。这还不算，艾里森接着说：“众多最优秀的人才非但不以哈佛、耶鲁为荣，而且常常坚决地舍弃那种荣耀。世界第一富比尔·盖茨，中途从哈佛退学；世界第二

富保尔·艾伦，根本就没上过大学；世界第四富，就是我艾里森，被耶鲁大学开除；世界第八富戴尔，只读过一年大学；微软总裁斯蒂夫·鲍尔默在财富榜上大概排在10名开外，他与比尔·盖茨是同学，为什么成就差一些呢？因为他是在读了一年研究生后才恋恋不舍地退学的……”

艾里森接着“安慰”那些自尊心受到一点伤害的耶鲁毕业生，他说：“不过在座的各位也不要太难过，你们还是很有希望的，你们的希望就是，经过这么多年的努力学习，终于赢得了为我们这些人（退学者、未读大学者、被开除者）打工的机会。”

艾里森的话当然偏激，但并非全无道理。几乎所有的人，都经常会有一种强烈的“身份荣耀感”。我们以出生于一个良好家庭为荣，以进入一所名牌大学读书为荣，以有机会在国际大公司工作为荣。不能说这种荣耀感是不正当的，但如果过分迷恋这种仅仅是因为身份带给你的荣耀，那么人生的境界就不可能太高，事业的格局就不可能太大，当我们陶醉于自己的所谓“成功”时，我们已经被真正的成功者看成了失败者。

真正的成功者，依靠的往往不是社会给他的荣耀和优越的各种条件，而是依靠个人奋斗，为自己开创一条具有挑战性的全新道路！

4岁的小克莱门斯上学了。教书的霍尔太太是一位虔诚的基督徒，每次上课之前，她都要领着孩子们进行祈祷。有一天，霍尔太太给孩子们讲解《圣经》，当讲到“祈祷，就会获得一切”的时候，小克莱门斯忍不住站了起来，他问道：“如果我祈祷上帝呢？他会给我想要的东西吗？”“是的，孩子，只要你愿意虔诚地祈祷，你就会得到你想要的东西。”

小克莱门斯特别想得到一块很大很大的面包，因为他从来没有吃过那样诱人的面包。而他的同桌，一个金头发的小姑娘每天都会带着一块这么诱人的面包来到学校。她常常问小克莱门斯要不要尝一口，小克莱门斯每次都坚定地摇头，但他的心是痛苦的。

放学的时候，小克莱门斯对小姑娘说："明天我也会有一块大面包。"回到家后，小克莱门斯关起门，无比虔诚地进行祈祷，他相信上帝已经看见了自己的表情，上帝一定会被自己的诚心感动的！然而，第二天起床后，当他把手伸进书包的时候，除了一本破旧的课本什么也没有发现。他决定每天晚上坚持祈祷，一定要等到面包降临。

一个月后，金头发的小姑娘笑着问小克莱门斯："你的面包呢？"

小克莱门斯已经无法继续自己的祈祷了。他告诉小姑娘，上帝也许根本就没有看见自己在进行多么虔诚的祈祷，因为，每天肯定有无数的孩子都进行着这样的祈祷，而上帝只有一个，他怎么会忙得过来？小姑娘笑着说："原来祈祷的人都是为了一块面包，但一块面包用几个硬币就可以买到了，人们为什么要花费这么多的时间去祈祷，而不是去赚钱买面包呢？"

小克莱门斯决定不再祈祷。他相信小姑娘所说的正是自己想要知道的——只有通过实际的工作来获得自己想要的东西。而祈祷，永远只能让你停留在等待中。小克莱门斯对自己说："我不要再为一件卑微的小东西祈祷了。"他带着对生活的坚定信心走向了新的道路。

多年以后，小克莱门斯长大成人，当他用笔名马克·吐温发表作品的时候，他已经是一名为了理想勇敢战斗的作家了。他再没有祈祷上帝，因为在无数个艰难的日子中，他都牢记：不要为卑微的东西祈祷！

"天上掉不下来热馅饼。"只有奋斗和努力是真实的，只有自己的汗水是真实的。祈祷天堂里的上帝，不如相信真实的自己；祈祷虚无的上帝，不如付出诚实的劳动。

有个叫西格的女人，自从接连生了3个孩子之后，就整天烦躁不安。4岁的孩子整日玩闹，19个月大的孩子整夜哭叫，还有一个婴儿需要不断地喂奶。那一段日子，西格的精神就要崩溃了。长期的睡眠不足使她无法以正常的心态看待周围的世界，也无法正常地看待自己。她甚至怀疑自己天生就"低能"，连几个孩子都照看不了，以后

还能做什么呢？

这时候，她的一个叫海伦的朋友从另外一个城市托人给她带来一份礼物。她打开一看，是一个装饰得很漂亮的陶瓷容器，上面还贴着一个标签，上面写着："西格的自信罐，需要时用。"罐子里面装着几十个用浅蓝色纸条卷成的小纸卷，每个小纸卷上都写着海伦送给西格的一句话。西格迫不及待地一个个打开，只见上面分别写着：

上帝微笑着送给我一件宝贵的礼物，她的名字叫"西格"；

我珍惜你的友谊；

我欣赏你的执著；

我希望住在离你的厨房 100 英尺远的地方；

你很好客；

你有宽广的胸怀；

你是我愿意一起在一家百货公司转上一整天的那个人；

你做什么事都那么仔细，那么任劳任怨；

我真的相信你能做好任何你想做的事情。

我给你提两点建议：第一，当你完成一件自己想干的事情，或者得到别人的称赞和肯定的时候，就写一张小纸条放在这个罐里。第二，当你遇到困难和挫折，或者有点心灰意冷的时候，就从这个小罐里拿出几张纸条来看看。

读到这里，西格的眼圈湿了。因为她深深地感觉到，她正被别人爱着，被别人关心着，困难只是暂时的，自己也是很棒的。从那以后，西格把这个"自信罐"摆在最醒目的地方，只要遇到压力和困难，就情不自禁地伸手去摸。

15 年以后，西格当了一所幼儿园的园长，很多家长都愿意把孩子送到她这家幼儿园，因为她的自信激发了孩子们的自信。从这所幼儿园走出去的孩子，每个人都有一个"自信罐"。

麦克阿瑟说："现实中的恐怖，远比不上想象中的恐怖那么可怕。"保持一种泰然自若的心态，是克服紧张情绪，战胜自卑心理的

法宝。

性格是一个人对现实的稳定态度和习惯化了的行为方式中所表现出来的个性心理特征。诚实或虚伪、勇敢或怯懦、勤劳或懒惰、果断或优柔寡断等等都被认为是性格特征。性格是没有好坏之分的，因为它是双面性的，就如同内向与外向一样，你不能说那一种性格好一些，各有各的好处，只是看你从那一个角度去看。虽然说性格没有什么好坏，但是有的性格对于社会的适应性要好一些，有的性格会坏一些，所以培养良好的性格，对自己、对集体都有重要的意义。

每一个人只要善于下功夫，有意识地培养，都可以把自己塑造成为一个性格完善和高尚的人。

信念使人内心变得强大

一个内心强大的人，才是真正有思想的人。内心强大，表明他对这个世界，对社会，对人生，已经有了一整套比较完整的看法。在佛教那里就是“无漏”之说，已然成熟于胸。内心强大的人，不必要色厉内荏，外强中干，甚至可能外表懦弱，但是，内心坚强。**内心强大的人，一定是有自己坚定信念的人，这种信念不是口头上的，而是发自内心深处的。**也不仅仅是在知识上的，而且是带有深厚情感，有着丰富的人生阅历，以及广阔的视野，这种内心的强大，常常意味着他极其的自信，而这种自信常常就来自于他深刻地意识到自己的浅薄，以及对自然，对人的生命的深深敬畏，因为敬畏，才使他没有恐惧感。

有一个人觉得生活太平淡了，于是天天期望出现奇迹。

为了让奇迹早些出现，他向上帝祈求。

上帝问他：“你想要什么样的奇迹？”

“奇迹就是做梦都想不到，完全超乎我的想象的事情。”

上帝说：“我答应你，奇迹明天就会出现。”

这个人开始焦急地等待。

但是多少天过去了，什么奇迹也没有出现。

他又对着天空向上帝质问：“上帝啊，你为什么没有给我奇迹？”

“我早就给你奇迹了呀。”天上飘来上帝的声音。

“我怎么没有看见？”

“其实你天天都生活在奇迹中。你不是说奇迹就是你做梦都想不

到、完全超乎你想象的事情吗？我给过你了，你以为上帝就能给你奇迹，然而上帝也没有给你奇迹，这是你做梦也想不到的，这本身难道不也算是一个奇迹吗？其实你大可不必期待什么奇迹出现，因为除了你自己以外，世界上根本没有其他的什么可以称为‘奇迹’。求上帝给你奇迹，不如求自己给自己奇迹。”

你不能只想着借助外力，而是要努力发挥出自己意想不到的力量。当你一旦放弃求助于他人的念头，变得自立自强，说明你已经走上了成功的道路了。

一个月光明朗的夜晚，饥饿的瘦狼遇到了养得肥肥的看家狗。狼很羡慕狗，想和它交朋友。

“你看上去怎么这么壮实？”狼问，“你肯定比我吃得好多了。”

“唉，如果你要吃我吃的东西，就得干我干的活。”狗说。

“什么活？”狼问。

“就是尽心尽职地给主人看家、防贼什么的。”

“我可以试试吗？”

狗一见狼愿意跟自己一样为主人效力，就领着狼匆匆向主人的住宅跑去。

它们在一起跑的时候，狼看到狗脖子上有一圈明显的伤疤。

“你的脖子是怎么搞的？”

“是平时铁链子套在脖子上勒的。”狗不经意地答道。

“链子？”狼吃惊了，“难道你平时不能自由自在地随意走动？”

“不能完全随我的意，”狗说，“主人怕我白天乱跑，因此把我拴起来。不过到了晚上，我还有一定的自由。重要的是我可以吃到主人吃不了的食物，主人非常地宠幸我……怎么啦，你怎么走啦，你要到哪儿去？”狗一见狼正在离开它，急切地喊。

“我要回到树林里去，”狼回头说，“你吃你的美食去吧，我宁可吃得糟糕点，也不愿意让链子拴住脖子，失去了宝贵的自由。”狼说完一溜烟地跑了。

寄人篱下也许会能得到衣食方面的照顾，但却使自己的自由和发展受到限制。肯于自强自立的人，会依靠自己的双脚前行，到自由自在的天空中去遨游。

一位妇人带着她的女儿来到心理学教授面前，诉说起女儿的情况：

“先生，我弄不明白她是怎么回事。她对自己的一切都马马虎虎，毫不经心，学业荒废，衣衫不整，吊儿郎当，浮皮潦草；对她周围的事物漠不关心，神不守舍。她如今都17岁啦，还这么不懂事，这可叫我如何是好？”

教授笑着说：“请允许我单独跟她谈一谈，好吗？也许我能了解她对自己和周围一切漠不关心的秘密所在。”

母亲走了，教授仔细观察姑娘。这位衣衫不整、蓬头垢面的少女长得很美，但她的美却被邋遢的外表掩盖了。姑娘成熟了，而心理却很幼稚。

教授跟她聊天，她似听非听。教授沉默了一会，突然问她：

“孩子，你难道不知道你是个非常漂亮、非常好的姑娘吗？”

这句问话，使姑娘美丽的大眼睛里放射出一缕亮光。她慢慢抬起头来，久久盯着老教授那布满皱纹的善良面孔，一丝深沉的笑容浮现在她的脸上，如同沉梦方醒，看到了新的天地。

“您说什么？”姑娘惊喜地问。

“我说你很漂亮、很好，可你自己却不知道自己是个漂亮的好孩子。”

姑娘那秀丽的脸上更多地呈现出了舒心的微笑。这样的话她从未听到过，平时充塞她耳际的除了同学们的数落、嘲弄，就是母亲的谩骂。因而，她自己也就破罐破摔了。

教授拉着姑娘的手说：“孩子，今晚我和我的夫人要去剧院看芭蕾舞剧《天鹅湖》，特请你陪我们一块去。现在还有两个小时的时间，如果你愿意，请你回去换换衣服。我们在这儿等你。”

姑娘高兴极了，活蹦乱跳地跑出去，跟母亲一起回家去了。快到时间了，教授听到一阵文雅的、轻轻的敲门声。打开门，他惊呆了：一身晚会的盛装衬托出一位出水芙蓉般的少女，两道如月的细眉下是一双动人的眼睛，抬起来亮闪闪，低下去静幽幽，那富有表情的面庞，使她显得那么聪明伶俐，体态那么苗条健美。她的一颦一笑、一举一动都是那么文雅、自持、适度。教授简直认不出这位姑娘就是刚才那位邋里邋遢的少女了。

从此，姑娘变了，变得自爱而奋发。她果然有出息了，不但学习很好，而且还成了著名的舞蹈艺术家。

要努力爱生活，爱自己。对生活、对一切美好事物、对自己的热爱，都会使一个人转变、奋发。

很久以前，四个非常要好的朋友一起扬帆到大海上捕鱼。他们的名字分别是：雄心、怀疑、害怕和失败。

当他们的船驶到大海深处的时候，狂风骤起。船帆、发动机、船桨以及所有的钓鱼工具都惨遭这场大风的袭击，残破不堪。

怀疑、害怕和失败什么都不干，只是傻傻地等待死神的到来；但是雄心却能感觉出生还的希望。他将一个钓钩系在一根很长的绳子上，然后将其丢在水中。哟，你瞧！他还真感觉到绳子的另一端钩住了一个很重的东西。令人吃惊的是，当他拉回绳子的时候，绳子的另一端竟然钩着一个古代的油灯。

雄心将这盏油灯擦拭干净，更使他惊讶的是，油灯里面出现了一个魔鬼。

“谢谢你，谢谢你，”魔鬼大声吼道，“为了报答你们的释放之恩，我愿意让你们每个人实现一个愿望。”

魔鬼转向怀疑，询问他的愿望。

怀疑答道：“我不认为在这儿有什么好办法，我希望能够待在温暖舒适的家里。”

“嗖”的一声，他的愿望实现了。

随后魔鬼转向害怕。害怕说："我害怕这里会发生一些事情，我希望能够回到安全的家里。"

同样"嗖"的一声，他的愿望也实现了。

魔鬼又开始询问失败的愿望。

"早在我们出发之前，我就知道我们不会成功的，把我送回家吧，我以后再也不航海了。"

失败刚一说完，"嗖"的一声，他的愿望也实现了。

最后，魔鬼又去征求雄心的愿望。雄心悲叹："我原本以为我们可以克服这些困难的，可是现在，只剩下我一个人孤零零地留在这里。我希望我的好朋友们现在和我在一起。"

"嗖"的一声响起，他的愿望也实现了！

面对困难的时候，我们本来是可以勇往直前、披荆斩棘的，但是，往往是由于我们的怀疑和害怕，才招致了失败。从心理上坚强起来，你就强大了。

内心强大的人并不是不再改变，而是不再需要改变自己处于信念内核中的东西。

一个人如果到这个地步，也就是人格完善，内心强大之人了。内心强大的人，也就是真正有思想的人；或者说真正有思想的人，也是内心强大的人。这样的人，即使身处世俗世界里的所谓逆境，他的内心也是平和的，自信的，且是充满快乐的。

不要过早地放弃

决不放弃，就是坚持，它来自人的毅力。毅力是人类最可贵的财富，在走向成功的路上，没有任何东西能代替毅力。人有了毅力，就容易成功，没有毅力，就容易前功尽弃。想想我们做过的事，你就会发现，无论做什么事，都要经历一个过程，越是重大的事，经历的过程就越长。从事情的开始，到事情的终了，然后又是一个开始，又是一个终了。在这一个个过程中，会有开始时的期望和喜悦，接着会有很多困难和挫折，然后更多的时候可能你一再努力，但却无法看到成功的曙光。这时候正是胜利女神考验你的时候，就看你有没有毅力。

1930 年是美国历史上经济最恶劣的时代。到处可见工厂倒闭、商店破产、成千上万的人失业、各行各业都一再减薪、免费餐店和发放面包的地方排起长龙。其中不少人过去原是富人、30 岁以上的人根本找不到工作。

皮尔就是在这样一个秋天的下午，在没落的第五大街见到老朋友弗雷德的。“过得还好吗？”皮尔试探着问。

弗雷德穿着深蓝色的哔叽西装，老式西装磨出了一层油光，谁都能一眼看出那套西装穿了有多久了，他说话的口吻和过去一模一样，一点儿也没有改变。

“没有问题，我过得很好，请不用担心。失业很久当然是事实，只不过每天早晨都到城里各处找工作。这么大一个城市一定有适合我的工作，只要耐心寻找，一定会找到的。”他说。

“你总是这样笑嘻嘻的吗？”皮尔问他。

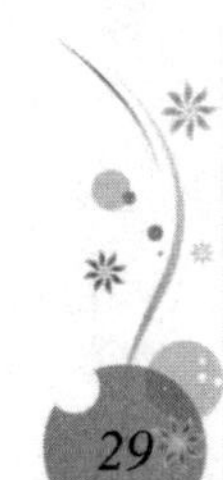

他回答说："这不是很合理吗？我记得在哪里读过，绷起脸来时要用60条肌肉，但笑的时候只要用14条肌肉。我不想绷起脸过度使用肌肉。"

他谈起自己的人生观，他相信获得工作的强烈愿望必定能让他达到目的。

"我听过你引用的诗人约翰·巴罗所说的话，好像是'属于自己的一定会归自己所有'。"

弗雷德的深厚的信仰和坚强的信念令皮尔十分佩服。

弗雷德继续说道："我的信仰是我虔诚的父母培育的。我的家境虽然很贫穷，但母亲完全不在意，她常常说'上帝会赐给我们食物'，一点都没有错，上帝一次也没有遗弃我的母亲。上帝应该也不会遗弃我的。"

他站在挤满了急于找工作的失业者的大街上，引用了《圣经》里的话说："曾经年轻的我现在老了。可是从来没有看到正义被遗弃，正义的子孙乞求面包的情形。不论多么困难我也这样相信。我的父母都教导我要相信。所以我始终怀着希望和信念。"

后来，弗雷德和一个具有发明才能的人共同创业，在新的领域中，弗雷德充满创意的构想获得了成功。在此之前他忍受了许多苦难，过着贫穷的生活，但他始终能坚守信念，终于获得极大的成就。他积极的生活态度，使认识他的人都对他充满敬佩。

"天有不测风云，人有旦夕祸福。"但是，"车到山前必有路"，要想战胜困难，首先要树立信心，保持乐观的人生态度，以不屈不挠的精神去拼搏奋进。

一个星期五的晚上，龙卷风横扫了多伦多北面的一个叫巴里的城市。这场灾难造成许多人死亡，数百万美元的财产被毁。

当天晚上，泰姆卜莱顿正好经过这条公路。他是一个在安大略省和魁北克省拥有许多电台的泰利米迪亚通信技术公司的副总裁。他认为必须利用电台为这些遭受苦难的人提供帮助。

随后，泰姆卜莱顿把泰利米迪亚的所有行政人员都召进了他的办公室。在一张活动挂图的顶部，他写了3个“3”。他对那些行政人员说：“从现在开始，你们愿意在3天之内用3个小时，为巴里的人们筹集300万美元吗?”房间里顿时鸦雀无声。

终于，有一个人说：“泰姆卜莱顿，你疯了？我们无论如何也做不到的!”

泰姆卜莱顿说：“等一下。我没有问你们是否能够做到，或者是否应该，是否愿意。”

他们都说：“我们当然愿意。”

听了这个回答，他就在那3个“3”的下面画了一个大大的T。他在T的一边写下：“我们为什么做不到?”然后又在T的另一边写下：“我们如何去做到?”

“我要在‘我们为什么做不到’这一边画上一个‘×’。我们不用浪费时间去考虑我们为什么做不到，那没有任何价值。我们要在T的这一边把我们‘如何去做到’这件事的每一种方法都写下来。除非我们想出了解决这个问题的办法，否则我们就不离开这个房间。”

房间里又沉寂下来。

终于有人说：“我们可以在加拿大全境用无线电播放一个专题节目。”

泰姆卜莱顿说：“这是一个好主意。”然后就把它写了下来。他还没有写完，就有人说：“我们不可能在加拿大全境播放一个专题节目，因为我们的电台频率没有覆盖整个加拿大。”他说得非常对，这确实是一个客观存在的障碍。他们只在安大略省和魁北克省拥有电台。

泰姆卜莱顿回答道：“那是‘我们如何去做到’的一个主意。我们先暂时把它放在这里。”不过，因为各个电台之间通常并不能够协调一致，甚至互相攻击，所以这确实是一个很大的障碍。

突然，有一个人说：“我们可以让加拿大广播公司里最有名气的人物柯克和罗宾逊来主持这个专题节目。”这真是一个具有创造力的

建议。

3 天后，他们就成功联络了多家电台，并策划了一个多家电台联合广播行动。在全加拿大，共有 50 家电台同意参与这个专题节目的联合广播，而且，果然是柯克和罗宾逊主持了这个节目。他们在 3 个工作日内的 3 个小时里成功地筹集到了 300 万美元！

一旦确立了一个目标，就一定要把精力全部集中到“怎样去做到”上面，而不要去思考“为什么做不到”。这样，你就能攻无不克、战无不胜。

1989 年发生在美国洛杉矶一带的大地震，在不到 4 分钟的时间里，使 30 万人受到伤害。

在混乱和废墟中，一个年轻的父亲安顿好受伤的妻子，便冲向他 7 岁的儿子上学的学校。他眼前，那个昔日充满孩子们欢声笑语的漂亮的三层教室楼，已变成一堆废墟。

他顿时感到眼前一片漆黑，大喊：“阿曼达，我的儿子！”跪在地上大哭了一阵后，他猛地想起自己常对儿子说的一句话：“不论发生什么，我总会跟你在一起！”他坚定地挺起身，向那片看起来毫无希望的废墟走去。

他每天早上送儿子上学，知道儿子的教室在楼的一层左后角，他疾步走到那里，开始动手。

在他清理挖掘时，不断地有孩子的父母急匆匆地赶来，看到这片废墟，他们痛哭并大喊：“我的儿子！”“我的女儿！”哭喊过后，他们绝望地离开了，有些人上来拉住这位父亲：“太晚了，他们已经死了。”

“这样做无济于事，回家去吧！”

“冷静些，你要面对现实。”

这位父亲双眼直直地看着这些好心人，问道：“你是不是来帮助我？”没人给他肯定的回答，他便埋头接着挖。

救火队长挡住他：“太危险了，随时可能发生起火爆炸。请你

离开。”

这位父亲问：“你是不是来帮助我？”

警察走过来：“你很难过，难以控制自己，可这样不但不利于你自己，对他人也有危险，马上回家去吧。”

“你是不是来帮助我？”

人们都摇头叹息地走开了，认为他精神失常了。

这位父亲心中只有一个念头：“儿子在等着我。”

他挖了 8 小时、12 小时、24 小时、36 小时，没人再来阻挡他。他满脸灰尘，双眼布满血丝，浑身上下到处是血迹。到第 38 小时，他突然听见底下传出孩子的声音：“爸爸，是你吗？”

是儿子的声音！父亲大喊：“阿曼达！我的儿子！”

“爸爸，真的是你吗？”

“是我，是爸爸！我的儿子！”

“我告诉同学们不要害怕，说只要我爸爸活着就一定会来救我们，因为他说过‘无论发生什么，你总会和我在一起！’”

“你现在怎么样？有几个孩子活着？”

“我们这里有 14 个同学，都活着，我们都在教室的墙角。房顶塌下来架了个大三角形，我们没被砸着。我们又饿又渴又害怕，现在好了。”

父亲大声向四周呼喊：“这里有 14 个孩子，都活着！快来人！”

最富有成就的人就是依靠他们自己的自信、智慧和能力取得成功的。信念好比航标灯射出的明亮的光芒，在朦胧浩渺的人生海洋中，牵引着人们战胜一切灾难和困苦，一步步走向辉煌。

有一次，布鲁斯国王与英格兰军队打仗。他被打得落花流水，只得躲在一所不易被发现的古老的茅屋里。他失望了。

当他正带着失望与悲哀躺在柴草床上的时候，他看见一只蜘蛛正在结网，为了取乐自己并看蜘蛛如果对付，国王毁坏了它将要完成的网。蜘蛛并不注意它的灾害，立刻继续工作，打算再结一个新网。苏

格兰国王又把它的网破坏了，蜘蛛又开始结另一个网。

国王开始惊奇了。他自语道："我已被英格兰的军队打败了6次，我是准备放弃战争了。假使我把蜘蛛的网破坏6次，它是否会放弃它的结网工作呢？"

他毁坏了蜘蛛的网共有6次。蜘蛛对这些灾难毫不介意，开始做第七次新网，终于成功了。国王被这个例子鼓起了勇气，他决意再做一次奋斗，从英格兰人的手里解放他的国家。他召集了一支新的军队，很谨慎而耐心地做着准备，终于打了一次重要的胜仗，把英格兰人赶出了苏格兰国土。

许多人失败的真正原因，不是因为遇到的阻力或障碍太大，而是因为自己过早地放弃或屈服。

人生道路上经常会遇到困难和挫折，此时，你要懂得选择，选择永不放弃，而不是失去信心。你要在逆境中看到希望和前途，身处逆境而处变不惊，这不仅是对你的考验，也是你人生的一道奇特的风景。

没有不能逾越的障碍

有思想的人，并不一定就是有原创思想的人，那些接收来的思想，只要与他的生命与生活产生了强烈的共鸣，那种思想也将使他内心变得强大，思想与人的生命性是密不可分的。有思想，就是意味他用自己作为人的生命开始思考，用自己生命去感受，去体验生活，感受世界，不以人的毁誉而判定自己的价值与意义，不活在别人的眼光里。

从前有个国王要选宰相，他派人在全国各地张贴皇榜。

天下的有志之士闻讯后都纷纷来到了京都。

这一天，国王把他们带到粮仓里，大家面面相觑，不知他的葫芦里卖的是什么药。

趁大家不注意，国王从怀里掏出一颗夜明珠，把它扔在了堆积如山的谷子里说："你们谁能把它找出来，就让谁当宰相。"

大家七手八脚，在里面紧张地找了起来。

但由于人多手杂，他们几乎把粮仓翻了个遍，也一无所获。

到了晚上，大家疲倦之极，都回家休息了。

第二天早晨，正当他们准备再来寻找的时候，听到了一个消息：夜明珠已经找到，宰相人选已经确定了。

大家十分奇怪，是谁这么幸运，把夜明珠找到了呢？是粮仓的看门人。

昨天大家散去后，这位看门人一直在粮仓门口守着。

当夜幕降临，夜明珠幽幽的光亮从谷堆里透出来的时候，他直接

向那光亮走过去，轻而易举地把它扒了出来。

成功与失败往往只是一步或半步之差，起决定作用的只是最后那一瞬间。弱者与强者之间、大人物与小人物之间最大的差异就在于意志的力量，唯有那些能够坚持不懈的人，才能得到最大的奖赏。

有个富翁，他想拿出100万元送给穷人，条件是他们必须都是能够坚持到底的人。

他的分配方法是，选100个人，给他们每人送1万元。

广告一登出来，很快就门庭若市，他从成千上万的应征者中选了100名，给他们每人5000元，并让他们第二年再来取剩下的5000元。

第二年只有90个人来取钱，因为另外的10个人兴奋过度，心脏病发作住进了医院，那5000元做了他们的医药费。

他取消了那10个人剩下的那笔钱，表示要把那5万元平均送给这90个人，明年来取。

第三年他宣布，给大家送钱只是开个玩笑，他要收回已经送给他们的钱，一听这话当场就有40个人晕了过去，40个人拿着到手的5000元跑了。

最后只有10个人留了下来，富翁说，现在还有50万，平均分给你们10个人，每人可得5万，明年来取。

第四年只有5个人来，没来的5个人里，有2个高兴得病倒了，有2个无法忍受等待忧愤而死，有1个认定富翁是个骗子。

富翁宣布取消缺席者剩下的钱，把剩下的50万送给最后5个人，每人10万，明年来取。

第五年只有1个人来，没来的4个人里，2个人因极度兴奋心脏病急性发作，死在去医院的路上；另外2个到处宣传富翁是个骗子，他们成了哲学家。

最后来的那个人独得了一笔巨款，50万元加上4年的利息5万元，总共55万，他一个人得到的比那99个人加起得到的还多。

生命的奖赏常常远在旅途终点，而非起点附近。谁都不知道要走

多少步才能达到目标，踏上第一千步的时候，仍然可能遭到失败。但每一次的失败都会增加下一次成功的机会。

在美国芝加哥市的西北角，有一个名叫罗爱德的小镇。前不久，该镇的教育机构为镇里一位女教师举办了一次摄影展览，展出的都是该教师以女儿为主人公的生活照片。出人意料的是，从美国各地来了2800多位记者，打破了美国个人摄影展览采访记者人数的历史纪录。

这位女教师叫路易丝，今年45岁，自1991年起一直在当地小学任教。她生活很一般，与众不同的是，就是坚持每天给女儿珍妮照一张相，从女儿出生到20周岁，足足照了20年，照了7300多张。她把这项活动称为，女儿每天都是新的。

展览馆共有八层展厅，平心而论，这些照片本身都没有什么高超之处，从拍摄技术到画面内容，都很是平凡，甚至有千篇一律之嫌。

然而，就是这些平凡的照片轰动了整个美国，扬名于世界，因为它体现了路易丝对女儿珍妮永恒的爱。去年，路易丝因此被评为优秀教师。

执着就是艺术，平凡铸就伟大。人生乃是长期在考验我们的毅力，唯有那些能够坚持不懈的人，才能得到最大的奖赏。

一个夏季的傍晚，天色很好。

阿尔文出去散步，在一片空地上，看见一个10岁左右的小男孩和一位妇女。那孩子正用一只做得很粗糙的弹弓打一只立在地上、离他有七八米远的玻璃瓶。那孩子有时能把弹丸打偏一米，而且忽高忽低。阿尔文便站在他身后不远，看他打那瓶子，因为他还从没有见过打弹弓这么差的孩子。

那位妇女坐在草地上，从一堆石子中捡起一颗，轻轻递到孩子手中，安详地微笑着。那孩子便把石子放在皮套里，打出去，然后再接过一颗。

从那妇女的眼神中可以猜出，她是那孩子的母亲。

那孩子很认真，屏住气，瞄很久，才打出一弹。但阿尔文站在旁

边都可以看出，他这一弹一定打不中，可是他还在不停地打。

阿尔文走上前去，对那母亲说："让我教他怎样打好吗？"

男孩停住了，但还是看着瓶子的方向。

他母亲对阿尔文笑了一笑："谢谢，不用。"

她停了一下，望着那孩子，轻轻地说："他看不见。"

阿尔文怔住了。半晌，才喃喃地说："噢……对不起！但为什么？"

"别的孩子都这么玩儿。"

"呃……"阿尔文，"可是他……怎么能打中呢？"

"我告诉他，总会打中的。"母亲平静地说，"关键是他做了没有。"

阿尔文沉默了。

过了很久，那男孩的频率逐渐慢了下来，他已经累了。

他母亲并没有说什么，还是很安详地捡着石子儿，微笑着，只是递的节奏也慢了下来。

阿尔文慢慢发现，这孩子打得很有规律。他打一弹，向一边移一点；打一弹，再转点，然后再慢慢移回来。

他只知道大致方向啊！

过了很久，夜色笼罩下来，阿尔文已看不清那瓶子的轮廓了，便转身向回走去。

走出不远，阿尔文突然听到身后传来一声清脆的瓶子的碎裂声。

对于真正有恒心的人来说："人生没有障碍。"在恒心和爱的支持下，这个世界上没有任何不能逾越的障碍！

博迪是法国的一名记者，在 1995 年的时候，他突然心脏病发作，导致四肢瘫痪，而且丧失了说话的能力。被病魔袭击后的博迪躺在医院的病床上，头脑清醒，但是全身的器官中，只有左眼还可以活动。可是，他并没有被病魔打倒，虽然口不能言，手不能写，他还是决心要把自己在病倒前就开始构思的作品完成并出版。出版商便派了一个

叫门迪宝的笔录员来做他的助手，每天工作 6 小时，给他的著述做笔录。

博迪只会眨眼，所以就只有通过眨动左眼与门迪宝来沟通，逐个字母逐个字母地向门迪宝背出他的腹稿，然后由门迪宝抄录出来。门迪宝每一次都要按顺序把法语的常用字母读出来，让博迪来选择，如果博迪眨一次眼，就说明字母是正确的；如果是眨两次，则表示字母不对。

由于博迪是靠记忆来判断词语的，因此有时就可能出现错误，有时他又要滤去记忆中多余的词语。开始时他和门迪宝并不习惯这样的沟通方式，所以中间也产生不少障碍和问题。刚开始合作时，他们两个每天用 6 小时默录词语，每天只能录一页，后来慢慢加到 3 页。几个月之后，他们历经艰辛终于完成这部著作。据粗略估计，为了写这本书，博迪共眨了左眼 20 多万次。这本不平凡的书有 150 页，已经出版，它的名字叫《潜水衣与蝴蝶》。

在这个世界上，聪明的人并不是很少，而成功的，却总是不多。能够成功的人，往往并不是那些条件优越的聪明人；而是那些从不苛求条件，而是竭力创造条件的执着的人。

内心强大的人，思想丰富的人，他不在乎有多少人误解了他，也不在乎有多少世俗的偏见，因为他的内心就是一个完美的世界，一个人内心的丰富，足以弥补一些物质的匮乏。内心强大的人，就是真正有思想的人，而真正有思想的人，也必然是内心强大的人。

第二篇

树立伟大的目标

古希腊哲学家亚里士多德曾一针见血地将人分为两类:一种人“吃饭是为了活着”,另一种人“活着就是为了吃饭”。这种看似简单的分类,却映射出了一个真理:一个人之所以伟大,首先是因为他的目标伟大。同样是有目标的人,有人取得了成功,有人收获了失败;有人取得的是大成功,有人收获的却是小成功。之所以有这样的差别,与目标的“大斜有莫大的关系。目标大,显示出一个人胸怀之大,眼光长远,做事看得远,自然收获得多;而目标小,显示出一个人眼光较为短小,只关心解决眼前问题。做事只看眼前,收获自然不会多。

成为一个不平凡的人

古语有云："取法于上，仅得其中，取法于中，仅得其下。"树立一个伟大的目标，实现的也可能是一个打了折扣的目标。如果树立的是小目标呢？结果可想而知。

一个伟大的目标，会让一个人做大事，为更多的人和事费心出力，解决更多、更艰难的问题。例如，成为一个社会活动家或政治家，就要为人类的和平与发展而努力拼搏；作为一个法律工作者，就要为国家的法制建设、为公平和正义而奋斗；做一个企业家，就得对企业的众多工人以及社会负责……这些都需要你解决很多问题。要解决这些问题，你必须得有很大的本领，很多知识，很强的技能，有时甚至不计个人得失，为公共利益牺牲自己的利益。在这个过程中，你会渐渐地获得丰富的知识，提升自己的能力，你甚至能变成胸襟开阔、大公无私的人，以你自己的方式为他人、为社会服务。而此时的你，自然也会得到他人和社会的认可。于是，你就因为目标伟大而终于成为一个不平凡的人了。

法国博物学家让·亨利·法布尔曾做过一项有趣的研究。他研究的是巡游毛虫。

这些毛虫在树上排成长长的队伍前进，有一条带头，其余跟着，法布尔把一组毛虫放在一个大花盆的边上，使它们首尾相接，排成一个圆形。这些毛虫开始动了，像一个长长的游行队伍，没有头，也没有尾。法布尔在毛虫队伍旁边摆了一些食物，但这些毛虫要想它到食物就要解散队伍，不再一条接一条前进。

法布尔预料，毛虫很快会厌倦这种毫无用处的爬行，而转向食物，可是毛虫没有这样做。出于纯粹的本能，毛虫沿着花盆边一直以同样的速度走了7天7夜。它们一直会走到饿死为止。

这些毛虫遵守着它们的本能、习惯、传统、先例、过去的经验、惯例，或者随便你叫它什么好了。它们干活很卖力，但毫无成果。

许多不成功者就是因为像毛虫一样没有明确的目标，他们自以为忙碌就是成就，干活本身就是成功。有奋斗目标才有助于我们避免这种情况发生。

一位伟人曾说："一个小小的枢纽便能扭转人的一生。"这句话的意思是说，一些小小的错误往往令人懊丧不已，我们应该防止错误的发生。

为了未雨绸缪，在你的人生中设立一套生命指南，然后忠诚地信守。如果你能这样做，它们会就像一张地图一样，引导你脱离险境，享用丰硕的果实。这些原则会让你沿着正确的道路前进，不致因生活或环境的压力而误入歧途。千万不要因循苟且，因为一个小小的转弯可能使你拐向更困难的境地。

马克刚成家不久，有个朋友邀请他去露营。这是个"只限男人"的旅行，马克相信那是今天一般人称为"男人帮"或某些类似这种不太雅的术语。当时，他从美国地质研究所拿来几张地图，然后他们启程，到一个名为钻石岔口的东缘一带去探险。

很容易顺着那些山路往前行。在探险途中，他们在可诺峡谷里发现了一个极美的天然温泉。冷冽的山泉瀑布自花岗岩峭壁上一泻而下，注入清澈的池塘；另有两股滚热的矿石温泉在此合流，不同的水温混合着早晨清新的空气，酝酿出奇异的蒸汽漩涡，弥漫在池塘上，使得该处一片烟雾朦胧，它是如此宁静祥和却又令人叹为观止。

马克想和新婚的妻子分享这般美景，因此他安排了一个周末准备带她去。他们整理好行囊出发，不过临行匆忙，马克将地图留在了家里的柜台上。当他们发现他所犯的错误时，妻子认为马克应该回去取

地图，但，马克向她保证不必这么做，他声称：“我以前去过那里，而且我对方向的记忆极佳。”

结果可想而知，没有了地图，马克错过了一个弯路，由于这个失误，造成一个接一个的错误，等到他发觉不太对劲的时候，他们早已迷失方向，徒行了好几里，他们设法寻迹走回停车处，天色早就晚了，而那天他们也就永远无法到达那美如仙境的水晶池了。

人生何尝不是如此呢！一个错误的转弯会令人误入歧途，而时常在我们觉察错误重回正路之前，我们早已错过了一次千载难逢的机会——一次永远失去的机会。

如果你及早下定决心，决定你生命的方向，然后设立某些指南来指示你前进，你将创造出属于你自己的地图。那么，当你彷徨踯躅，或身处难关时，便不会无所适从，因为你已经知道哪一条路可以指引你迈向已然选定的目的地。

撒哈拉沙漠中有一个小村庄叫比塞尔。它靠在一块 1.5 平方千米的绿洲旁，从这儿走出沙漠一般需要 3 昼夜的时间，可是在英国皇家学院的院士肯·莱文 1926 年发现它之前，这儿的人没有一个走出过大沙漠。据说他们不是不愿意离开这块贫瘠的地方，而是尝试过很多次都没有走出来。

肯·莱文用手语同当地人交谈，结果每个人的回答都是一样的：从这儿无论向哪个方向走，最后都还要转回到这个地方来。为了证实这种说法的真伪，莱文做了一次试验，从比塞尔村向北走，结果 3 天半就走了出来。

比塞尔人为什么走不出去呢？肯·莱文感到非常纳闷，最后他决定雇一个比塞尔人，让他带路，看看到底是怎么回事？他们准备了能用半个月的水，牵上两匹骆驼，肯·莱文收起指南针等设备，只拉一根木棍跟在后面。

10 天过去了。他们走了大约 1277 千米的路程，第 11 天的早晨，一块绿洲出现在眼前，他们果然又回到了比塞尔。这一次肯·莱文终

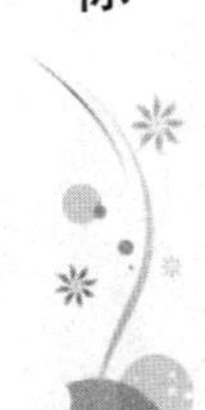

于明白了，比塞尔人之所以走不出大沙漠，是因为他们根本就不认识北极星。

在一望无际的沙漠里，一个人如果凭着感觉往前走，他会走出许许多多、大小不一的圆圈，最后的足迹十有八九是一把卷尺的形状。比塞尔村处在浩瀚的沙漠中间，方圆上千千米，没有指南针，想走出沙漠，确实是不可能的。

肯·莱文在离开比塞尔时，带了一个叫阿古特尔的青年。他告诉这个青年："只要你白天休息，夜晚朝着北面那颗最亮的星星走，就能走出沙漠。"

阿古特尔照着去做，3 天之后果然来到了大漠的边缘。

在生活中，许多人之所以不能成功，缺少的不是能力，而是正确的方向和明确的目标。

公司请来的大牌美国人力资源专家在员工培训班一开始，先问了十几个参加者一个小问题："你们说，开车的人进了加油站，最想完成的事情是什么？"开车的人进加油站还能干什么呢？"加油！"超过一半的人都这样回答。从老师略显失望的眼神里，大家看出这显然不是他所期望的答案，所以又补充了"歇会儿""买吃的"等几个答案，甚至"上厕所"都替人家想到了，但最终没有得出令专家满意的答案。

只见专家作深思状，绕着长长的弯子说："如果我们今天人数足够多的话，你们当中一定会有人告诉我，开车人进了加油站，最想早一点离开加油站，继续他的旅程，不管是工作还是休闲。"专家见大家茫然又解释说，每个人做事都会有具体目的，而这个目的又应该是从属于一个远大目标。

专家像是看透了大家的心思，有针对性地给他们讲了耶鲁大学的一项跟踪调查的研究结果。说起来这项研究其实很简单，在开始的时候，研究人员向参与调查的学生们问了这样一个问题："你们有目标吗？"对于这个问题，只有 10% 的学生确认他们有目标。然后研究人

员又问了学生们第二个问题："如果你们有目标，那么，你们是否把自己的目标写下来了呢？"这次，总共只有4%的学生的回答是肯定的。

20年后，当耶鲁大学的研究人员在世界各地追访当年参与调查的学生们的时候，他们发现，当年白纸黑字把自己的人生目标写下来的那些人，无论从事业发展还是生活水平上说，都远远超过了另外那些没有这样做的同龄人。不说别的，这4%的人所拥有的财富居然超过了余下96%的人的总和！

专家说，这些人之所以有明确的目标，那是因为他们有眼光。讲课的专家接着又问了大家一个问题："你们知道在耶鲁大学的那项研究里，那90%没有把人生目标写在纸上的人们一生都在干些什么呢？"有了前面"加油站可题"的经验，大家面面相觑，不愿轻易开口。不过这次，美国专家爽快地告诉了大家答案："这些人忙忙碌碌，一辈子都在直接间接地、自觉不自觉地帮助那4%有眼光的人们实现他们的奋斗目标。"

人活着，第一要紧的事情就要有眼光。有了眼光，并相应确定应该为之努力的目的和目标，工作就会充满机会，这样才有希望最终成为一个事业和生活的成功者，生命就会丰富多彩。

就最高目标本身来说，即使没有达到，也比那完全达到了的较低的目标，要更有价值。目标愈高远，人的进步就愈大。

要有明确完整的构想

梦想是驱动时代车轮前行的动力。当无数平凡普通的梦想汇集，当分享着这些感人梦想故事背后的艰辛与喜悦，你的人生目标与梦想是什么驱动梦想生活让每一个梦想都将向我们传达出让生活更美好的正能量。**每个人都有梦想，你的人生目标与梦想是什么驱动梦想生活关于家庭、关于事业；或关乎情感、关乎生活。**

有一次，在高尔夫球场，罗曼·V·皮尔在草地边缘把球打进了杂草区。有一个青年刚好在那里清扫落叶，就和他一块儿找球，那时，那青年很犹豫地说："皮尔先生，我想找个时间向你请教。"

"什么时候呢？"皮尔问道。

"哦！什么时候都可以。"他似乎颇为意外。

"像你这样说，你是永远没有机会的。这样吧，30分钟后在第18洞见面谈吧！"皮尔说道。

30分钟后，他们在树荫下坐下，皮尔先问他的名字，然后说："现在告诉我，你有什么事要同我商量？"

"我也说不上来，只是想做一些事情。"

"能够具体地说出你想做的事情吗？"皮尔问。

"我自己也不太清楚。我很想做和现在不同的事，但是不知道做什么才好。"他显得很困惑。

"那么，你准备什么时候实现那个还不能确定的目标呢？"皮尔又问。

青年对这个问题似乎既困惑又激动，他说："我不知道。我的意

思是有一天。有一天想做某件事情。”

于是，皮尔问他喜欢什么事。他想一会儿，说想不出有什么特别喜欢的事。

“原来如此，你想做某些事，但不知道做什么好，也不确定要在什么时候去做。更不知道自己最擅长或喜欢的事是什么。”

听皮尔这样说，他有些不情愿地点头说：“我真是个没有用的人。”

“哪里。你只不过是没有把自己的想法加以整理，或缺乏整体构想而已。你人很聪明，性格又好，又有上进心。有上进心才会促使你想做些什么。我很喜欢你，也信任你。”

皮尔建议他花两星期的时间考虑自己的将来，并明确决定自己的目标，不妨用最简单的文字将它写下来。然后估计何时能顺利实现，得出结论后就写在卡片上，再来找自己。

两个星期以后，那个青年显得有些迫不及待，至少精神上看来像完全变了一个人似的在皮尔面前出现。这次他带来明确而完整的构想，已经掌握了自己的目标，那就是要成为他现在工作的高尔夫球场经理。现任经理 5 年后退休，所以他把达成目标的日期定在 5 年后。

他在这五年的时间里确实学会了担任经理必备的学识和领导能力。经理的职务一旦空缺，没有一个人是他的竞争对手。

又过了几年，他的地位依然十分重要，成了公司不可缺少的人物。他根据自己任职的高尔夫球场的人事变动决定未来的目标。现在他过得十分幸福，非常满意自己的人生。

为了掌握自己的人生，先要明确你的目标，找到努力的方向，再立即采取行动，不断努力提高自己的能力，促进自己的成长，就能获得满意的人生。

发明轮船的富尔顿，出生在一个贫穷的农民家庭。

14 岁的时候，他对制炮很感兴趣，和一个造炮工人结为朋友。他们时常坐一条小船，到河里去钓鱼。河水流得很急，船在逆水前行的

时候，只靠一根竹篙撑动，又费劲，又缓慢。一次一次的劳累使爱用脑子的富尔顿思索起来：能不能造一样东西来帮人划船，既省体力，又可节省时间？

这个从生活需要所激发的创造思索，一天到晚都像影子一样地跟随着他。父母时常看到他在“发呆”——他在煞费苦心地捕捉创造的灵感，决心把这个既像玩具又是机器的东西设计出来。

后来，他一头钻进舅舅家的工棚中。那里什么工具和材料都有，可以随着兴趣施展自己的本领。他干了7天，带回一件新奇的玩意，大家都不明白它的用处。富尔顿又到那一条湍急的小河中，不慌不忙地把那一件东西装在小船上，用手摇动几下，就听到突突突的声音响起来了，人在船上也感觉到船的抖动，船尾有一股被搅动的浪花翻滚着。奇怪，今天再也不需要用竹篙划船了，它却走得比往天快呀！伙伴们围着含笑的富尔顿欢呼起来。那一件使大家惊奇得喊不出名字的东西，就是现在汽船上的轮子呀！

后来，富尔顿不断地摸索改进，不断地设计创新，使他终于成为有史以来第一个创造轮船的人才。富尔顿幼年时的兴趣，启导他选择了终生从事的奋斗目标。

一个人在生命的幼年阶段，对周围事物发生浓厚的兴趣，可能是他终生成就的能源。

里基·亨利是在贫穷中长大的。他的梦想是体育运动。亨利16岁的时候，已经能征服棒球了，他能以每小时145千米的速度投出一个快球，并且能击中在橄榄球场上移动的任何东西。不仅如此，他还是非常幸运的：亨利高中的教练是奥利·贾维斯，他不仅对亨利充满信心，而且他还教会了亨利如何对自己也充满自信。他教亨利认识到拥有一个梦想和显示出信念是不同的。终于，在亨利和贾维斯教练之间发生了一件非常特殊的事情，并且永远地改变了亨利的一生。

那是在亨利高中三年级的那年夏天，一个朋友推荐他去打一份零工。这对亨利来说是一个难得的赚钱机会，它意味着他将会有钱去买

一辆新自行车，添置一些新衣服，并且，他还可以开始攒些钱，将来能为妈妈买一所房子。想象着这份零工的诱人前景，亨利真想立即就接受这次难得的机会。

但是，亨利也意识到，为了保证打零工的时间，他将不得不放弃自己的棒球训练，那就意味着他将不得不告诉贾维斯教练自己不能够参加棒球比赛了。对此，亨利感到非常害怕，但他还是鼓足勇气，去找贾维斯教练，并决定把这件事情告诉教练。

当亨利把这件事告诉给贾维斯教练的时候，教练果然就像亨利早就料到的那样非常生气，“今后，你将有一生的时间来工作，”他注视着亨利，厉声说，“但是，你能够参加比赛的日子却能够有几天呢？那是非常有限的。你浪费不起呀！”

亨利低着头站在他的面前，绞尽脑汁地思考着如何才能向他解释清楚自己要给妈妈买一所房子以及自己是多么希望自己能够有钱的这个梦想，他真的不知道该如何面对教练那已经对自己失望的眼神。

“孩子，能告诉我你将要去干的这份工作能挣多少钱吗？”教练问道。

“一小时 3.25 美元。”亨利仍旧不敢抬头，嗫嚅着答道。

“啊，难道一个梦想的价格就值一小时 3.25 美元吗？”教练反问道。

这个问题，再简单、再清楚不过了，它明白无误地向亨利揭示了注重眼前得失与树立长远目标之间的不同。就在那年夏天，他全身心地投入到体育运动之中去了，并且就在那一年，他被匹兹堡派尔若特棒球队选中了，并且签订了 20000 美元的协议。此外，他已经获得了亚利桑那大学的橄榄球奖学金，它使亨利获得了大学教育，并且，他在两次民众票选中当选为“全美橄榄球后卫”，还有在美国国家橄榄球联盟队员第一轮选拔中，亨利的总分名列第七。1984 年，亨利和丹佛的野马队签订了 170 万美元的协议，终于圆了为妈妈买一所房子的梦想。

如果你为赚钱而努力，那么你可能会赚到一些钱；但是，如果你为长远的事业而努力，那么你就有可能不仅赚到很多钱，而且会干一番大事业。

要想干出一番大事业，必须要有胆量和魄力。否则，当最好的机会到来时，你也因胆怯会眼睁睁地看着它溜走。

你的人生目标与梦想是什么驱动梦想生活或明或暗，或隐或现，它不一定恢宏壮大，可以是内心小小的企盼；你的人生目标与梦想是什么驱动梦想生活也不一定要华丽炫目，可以平凡普通，但只要它存于心，就总能慰藉我们的心灵，激励我们前行。

植根于生活的理想

许许多多的青年带着这种困惑走进了中年，他们中有的人成功了，有的却失败了，更多的只是平庸地活着。在耗费了宝贵的时间之后，他们才发现：人生有无数条单行的轨道，条条都通向未来，而他们的所谓“探索”，往往表现为无从选择地、漫不经心地、甚至刻意地走错了人生的单行道，或许他们会终于明白：人生终究不是用来“探究”的，活着并精彩地演绎生活，才是唯一的人生。

有一个落魄潦倒的穷画家，一直坚持着自己的理想，除了画画之外，不愿从事其他的工作。

而他所画出来的作品，又一张也卖不出去，搞得三餐老是没有着落，幸好街角餐厅的老板心地很好，总是让他赊欠每天吃饭的餐费，穷画家也就天天到这家餐厅来用餐。

一天，穷画家在餐厅中吃饭，突然间灵感泉涌，不顾三七二十一，拿起桌上洁白的餐巾，用随身携带的画笔，蘸着餐桌上的酱油、番茄酱等等各式调味料，当场作起画来。

餐厅的老板也不制止他，反倒趁着店内客人不多的时候，站在画家身后，专心地看着他画画。

过了好一会儿，画家终于完成他的作品，他拿着餐巾左盼右顾，摇头晃脑地欣赏着自己的杰作，深觉这是有生以来画得最好的一幅作品。

餐厅老板这时开口道：“嗨！你可不可以把这幅作品给我？我打算把你所积欠的饭钱一笔勾销，就当作是买你这幅画的费用，你看这

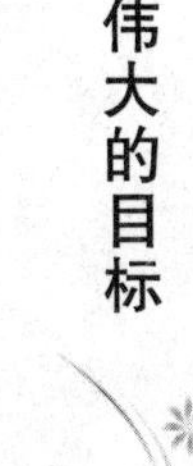

样好不好啊？”

穷画家感动莫名，惊异道：“什么？连你也看得出来我这幅画的价值？看来，我真的是离成功不远了。”

餐厅老板连忙道：“不！请你不要误会，事情是这样子的，我有一个儿子，他也像你一样，成天只想要当一个画家。我之所以要买这幅画，是想把它挂起来，好时时刻刻警惕我的孩子，千万不要落到像你这样的下场。”

坚韧不拔常常是成功的共同特征；但坚持错误的目标而且始终不自觉，却是导致失败最重要的原因之一。

当阿伦还是个孩子的时候，他曾梦想住在一所有门廊和花园的大房子里，在房子的前面有两尊圣·伯纳的雕像；娶一位身材修长、美丽善良的姑娘，她有乌黑的长发和碧蓝的眼睛，她的吉他琴声美妙、歌声悠扬；有三个健壮的儿子，在他们长大之后，一个是杰出的科学家，一个是参议员，最小的儿子要成为橄榄球队员；而他自己要当一名探险家，登上高山、越过海洋去拯救人类；拥有一辆红色的费拉里赛车，而且千万不要为衣食去奔波。

可是有一天，在玩橄榄球时，阿伦的膝盖受了伤。为此他再也不能登山，不能爬树，不能到海上航行。他开始研究市场销售，并且成为一名医药推销商。

他和一位漂亮善良的姑娘结了婚。她的确有乌黑的长发，不过身材矮小而且眼睛是棕色的；她不会弹吉他甚至不会唱歌，但却能做美味的中国菜，她画的花鸟更是栩栩如生。

为了经商，阿伦住进了城中的一座高层建筑。在此，他可以俯看蔚蓝的大海和城市的夜景。在他的房间里，根本无法摆放两尊圣·伯纳的雕像，不过养了一只惹人喜爱的小猫。

他有三个非常漂亮的女儿，但最可爱的幼女只能坐在轮椅上。他的女儿们都很爱他，但不能和他一起玩橄榄球。他们有时去公园追逐嬉戏，可他的幼女却只能坐在树下自弹自唱——她的吉他虽然弹得不

好，可歌声却是那样的委婉动听。

为使生活过得舒适，阿伦挣了很多钱；但却没能开上红色的费拉里赛车。

一天早晨，阿伦醒来后，又回忆起往日的梦境。“我真是太不幸了。”他对他最要好的朋友说。

“为什么？”朋友问。

“因为我的妻子和梦想中的不一样。”

“你的妻子既漂亮又贤惠，”他的朋友说。“她创作出了动人的绘画并能做美味的菜肴。”

但他对此却不以为然。

“我真是太伤心了。”有一天，他对妻子说。

“为什么？”妻子问。

“我曾梦想住在一所有门廊和花园的大房里，但是现在却住进了48层高的公寓。”

“可我们的房间不是很舒适嘛，而且还能看见大海，”妻子说。“我们生活在爱情与欢乐中，有画上的小鸟和可爱的小猫，更不用说我们还有三个漂亮的孩子了。”

但他却听不进去。

“我实在是太悲伤了。”他对他的客户说。

“为什么？”医生问。

“我曾梦想成为一名伟大的探险家，但现在却成了一名秃顶的商人，而且膝盖落下了残疾。”

“你提供的药品已经挽救了许多人的生命。”

可他对此却无动于衷。结果，医生收了他130美元并把他送回了家。

“我简直太不幸了。”他对他的会计说。

“怎么回事？”会计问。

“因为我曾梦见自己开着一辆红色的费拉里赛车，而且绝不会有

生活负担。可是现在，我却要乘公共交通工具，有时仍要被迫去挣钱工作。”

“可你却衣着华丽、饮食精美，而且还能去欧洲旅行。”他的会计说。

但他仍旧心情沉重。他莫名其妙地给了会计 200 美元，并且依然梦想着那辆红色费拉里赛车。

“我的确是太不幸了。”他对他的牧师说。

“为了什么?”牧师问。

“因为我曾梦想有三个儿子，可我却有了三个女儿，最小的那个甚至不能走路。”

“但你的女儿却是聪明又漂亮，”牧师说。“她们都很爱你，而且都有很好的工作。一个是护士，一个是艺术家，你的小女儿则是一名儿童音乐教师。”

可他却同样听不进去。极度的悲伤终于使他病倒了。他躺在洁白的病床上，看着那些正在为他进行检查和治疗的仪器——而这些则是由他卖给这所医院的。

阿伦陷入极大的悲哀中，他的家人、朋友和牧师守候在他的病床前，并且都为他深感痛苦。

一天夜里，他不能入睡，便躺在黑暗中进行思考。天亮时，他终于决定重新再做一个梦。他希望梦见往昔的时光以及他已经得到的一切。

他康复了，幸福地生活在位于 48 层的家中。他喜欢他孩子们的美妙声音，喜欢他妻子那深棕色的眼睛与精美的花鸟画。夜晚，他在窗前凝望着大海，心满意足地观赏着城市的夜景。从此，他的生活充满了阳光。

有较高的理想和追求是好事情，但应该灵活些，不要刻板地受目标的拘束。在追求自己梦想的时候，千万不要忽略了本来可以享受的生活。

有个叫布罗迪的英国教师，在整理阁楼上的旧物时，发现了一叠练习册，它们是皮特金中学B班51位孩子的春季作文，题目叫《未来我是——》。他本以为这些东西在德军空袭伦敦时被炸飞了，没想到它们竟安然地躺在自己家里，并且一躺就是25年。

布罗迪顺便翻了几本，很快被孩子们千奇百怪的自我设计迷住了。比如：有个叫彼得的学生说，未来的他是海军大臣，因为有一次他在海中游泳，喝了3升海水，都没被淹死；还有一个说，自己将来必定是法国的总统，因为他能背出25个法国城市的名字，而同班的其他同学最多的只能背出7个；最让人称奇的，是一个叫戴维的盲学生，他认为，将来他必定是英国的一个内阁大臣，因为在英国还没有一个盲人进入过内阁。总之，31个孩子都在作文中描绘了自己的未来。有当驯狗师的；有当领航员的；有做王妃的……五花八门，应有尽有。

布罗迪读着这些作文，突然有一种冲动——何不把这些本子重新发到同学们手中，让他们看看现在的自己是否实现了25年前的梦想。当地一家报纸得知他这一想法，为他发了一则启事。没几天，书信向布罗迪飞来。他们中间有商人、学者及政府官员，更多的是没有身份的人，他们都表示，很想知道儿时的梦想，并且很想得到那本作文簿，布罗迪按地址一一给他们寄去。

一年后，布罗迪身边仅剩下一个作文本没人索要。他想，这个叫戴维的人也许死了。毕竟25年了，25年间是什么事都会发生的。

就在布罗迪准备把这个本子送给一家私人收藏馆时，他收到内阁教育大臣布伦克特的一封信。他在信中说："那个叫戴维的就是我，感谢您还为我们保存着儿时的梦想。不过我已经不需要那个本子了，因为从那时起，我的梦想就一直在我的脑子里，我没有一天放弃过；25年过去了，可以说我已经实现了那个梦想。今天，我还想通过这封信告诉我其他的30位同学，只要不让年轻时的梦想随岁月飘逝，成功总有一天会出现在你的面前。"

布伦克特的这封信后来被发表在《太阳报》上，因为他作为英国第一位盲人大臣，用自己的行动证明了一个真理：假如谁能把 15 岁时想当总统的愿望保持 25 年，那么他现在一定已经是总统了。

坚持不懈的努力是成功的必要条件。明确的目标和执着的精神是几乎可以让你实现任何植根于生活的理想，达成任何目标！

心怀梦想，志存高远，人生之梦需要实实在在的“规划”才能“追寻”。人生的理想，青年的梦怀，要靠智慧去把握实现——关键是执着地创造与把握机会。

要有专一的目标

有目标而目标不专一的人是一切都得不到的，这种人还不如那些没有梦想的人，没有梦想的人就没有烦恼，自由自在潇洒一生。目标专一的人会为他的目标奋勇、付出，最后得到了美好的人生，有目标而目标不专一的人是最痛苦的人，他不是没有付出，而是没有坚持，在半途中因为难或其他原因又选择了另一个目标，说不定另一个目标做了半途而废又转入了其他行业。所以，这种人到最后是一事无成，而且浪费时间。

春秋时候，楚国人养叔（养由基）很会射箭，百步穿杨百发百中。楚王拜他为师，按照他教的方法练了几天，以为自己已经学会了，就约养叔一块去打猎，想显示一下自己的本领。到了野外，人们把芦苇丛里的野鸭轰出来，楚王搭箭刚要射，突然左边跳出一只黄羊，楚王觉得射黄羊比射野鸭容易，便连忙瞄准黄羊。这时右边又跳出了一只梅花鹿，楚王认为梅花鹿比黄羊有价值，又想射梅花鹿。到底射什么好呢？犹豫之时，突然一只老鹰从面前飞过，楚王又觉得射老鹰最有意思，就想向老鹰瞄准。可是弓未张开，老鹰已经飞远了。此时，野鸭、黄羊、梅花鹿早已不知去向了。楚王拿着弓箭比划了半天，什么也没射到。

养叔在一旁看得真切，便对楚王说："要想射得准，就必须有专一的目标，不应当三心二意。在百步以外放 10 片杨叶，要是我将注意力集中在一片杨叶上，我能射 10 次中 10 次；要是我拿不定主意，10 片都想射，就没有把握能射中了。"

不论学什么和做什么，都必须有专一的目标，不应当三心二意。否则，就容易半途而废，一事无成。

在自然界，不管气候多恶劣，都有生物在顽强地生存着。在撒哈拉沙漠里，因为一连几个月不下雨，干燥的沙漠在阳光的炙烤下气温越来越高，就是极能耐高温的蛇也得小心翼翼，不然就有被烤熟的危险。白天，蛇只能躲在沙子里，因为沙子的覆盖能使它避免阳光的直接照射，它还可伺机捕捉猎物。它的猎物都是些耐旱的小动物，有蜥蜴、甲虫，还有一些小型飞鸟。如果必须走动时，蛇就将身子弯成“之”字形迅速前进，这样可以避免皮肤长时间与炙热的沙子接触，蛇就是以这种方式顽强地在沙漠里生存下来的。

可是，令生物学家不解的是，有一种类似于麻雀大小的鸟，它的生命力比蛇更顽强。因为鸟儿要到沙地上找食物，所以也不可避免地成了蛇的猎物。鸟儿不但要面对恶劣的自然环境，还要对付躲在沙子底下的蛇的袭击，如果它要生存下去，就必须战胜这一切。

美国生物学家克林莱斯有幸拍到了一组这样的精彩镜头。当鸟儿扑扇着翅膀刚刚停在沙地上准备找食物之时，潜伏在沙子里的蛇猛地张开大口蹿了出来。眼看鸟儿就要成为蛇的果腹之物，可是，顷刻间鸟儿便从劣势转为优势。克林莱斯惊奇地发现，鸟儿在用自己的爪子一下又一下地拍击着蛇的头部，尽管鸟儿的力量有限，它的爪子对蛇的拍击似乎构不成什么威胁，并且蛇依然对鸟儿穷追不舍，但鸟儿并没有停止拍击。鸟儿一边躲闪着蛇的血盆大口，一边用爪子拍击着蛇的头部，其准确程度分毫不差。就在鸟儿拍去了一千多下时，蛇终于无力地瘫软在沙地上，再也爬不起来了。蛇口脱险的鸟儿停在沙地上从容地吃了一些甲虫类的食物后，才扑扇着翅膀慢慢地飞走了。

鸟儿和蛇的力量对比是悬殊的，生物学家唯一能得到的答案就是，鸟儿在经过长期的经验积累后，终于掌握了一套对付蛇的办法，那就是瞄准一个点——蛇的头部，并持之以恒地用爪子拍击，鸟儿以自己坚忍不拔的抵抗方式，在这次力量对比悬殊的较量中赢得了

胜利。

在现实生活中，很多人之所以失败，就是因为没有瞄准一个目标，持之以恒地干下去；而成功者则往往是由于沿着明确的目标持之以恒的人。

好多年前，有人要将一块木板钉在树上当搁板，贾金斯走过去管闲事，说要帮他一把。

他说："你应该先把木板头子锯掉再钉上去。"于是，他找来锯子之后，还没有锯到两三下又撒手了，说要把锯子磨快些。

于是他又去找锉刀。接着又发现必须先在锉刀上安一个顺手的手柄。于是，他又去灌木丛中寻找小树，可砍树又得先磨快斧头。

磨快斧头需将磨石固定好，这又免不了要制作支撑磨石的木条。制作木条少不了木匠用的长凳，可这没有一套齐全的工具是不行的。于是，贾金斯到村里去找他所需要的工具，然而这一走，就再也不见他回来了。

后来人们发现，贾金斯无论学什么都是半途而废。他曾经废寝忘食地攻读法语，但要真正掌握法语，必须首先对古法语有透彻的了解，而没有对拉丁语的全面掌握和理解，要想学好古法语是绝不可能的。贾金斯进而发现，掌握拉丁语的唯一途径是学习梵文，因此便一头扑进梵文的学习之中，可这就更加旷日废时了。

贾金斯从未获得过什么学位，他所受过的教育也始终没有用武之地。但他的先辈为他留下了一些本钱。他拿出 10 万美元投资办一家煤气厂，可造煤气所需的煤炭价钱昂贵，这使他大为亏本。于是，他以 9 万美元的售价把煤气厂转让出去，开办起煤矿来。可这又不走运，因为采矿机械的耗资大得吓人。因此，贾金斯把在矿里拥有的股份变卖成 8 万美元，转入了煤矿机器制造业。从那以后，他便像一个内行的滑冰者，在有关的各种工业部门中滑进滑出，没完没了。

在实现目标的道路上，最忌讳的就是朝三暮四。沉下心来，一步一个脚印、循序渐进，才能不断实现理想。

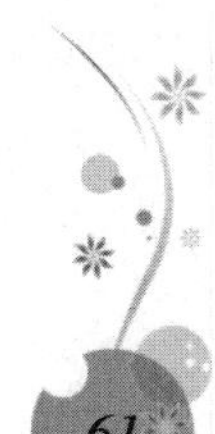

楚国有位钓鱼高手名叫詹何，他的钓鱼与众不同：钓鱼线只是一根单股的蚕丝绳，钓鱼钩是用如芒的细针弯曲而成，而钓鱼竿则是楚地出产的一种细竹。凭着这一套钓具，再用破成两半的小米粒作钓饵，用不了多少时间，詹何从湍急的百丈深渊激流之中钓出的鱼便能装满一辆大车！回头再去看他的钓具：钓鱼线没有断，钓鱼钩也没有直，甚至连钓鱼竿也没有弯！

楚王听说了詹何竟有如此高超的钓技后，十分称奇，便派人将他召进宫来，询问其垂钓的诀窍。

詹何答道："我听已经去世的父亲说过，楚国过去有个射鸟能手，名叫蒲且子，他只需用拉力很小的弱弓，将系有细绳的箭矢顺着风势射出去，一箭就能射中两只正在高空翱翔的黄鹏鸟。父亲说，这是由于他用心专一、用力均匀的结果。于是，我学着用他的这个办法来钓鱼，花了整整5年的时间，终于完全精通了这门技术。每当我来到河边持竿钓鱼时，总是全身心地只关注钓鱼这一件事，其他什么都不想，全神贯注，排除杂念，在抛出钓鱼线、沉下钓鱼钩时，做到手上的用力不轻不重，丝毫不受外界环境的干扰。这样，鱼儿见到我鱼钩上的钓饵，便以为是水中的沉渣和泡沫，于是毫不犹豫地吞食下去。因此，我在钓鱼时就能做到以弱制强、以轻取重了。"

无论做什么事情，都需要专心致志，一丝不苟，用心去发现和运用其客观的规律性。只有这样，才能做到事半功倍，取得显著的成效。

有两个青年人想学下棋，他们听说奕秋是全国最有名的棋手，就相约着一起来到奕秋这里，拜奕秋为师学下棋。奕秋对这两个学生的讲授内容和要求是一样的。但是，由于这两个学下棋的青年人学习时用心程度不一样，最后学习的结果也就不一样。其中一个人学下棋时专心致志地听奕秋讲解下棋的基础理论与技巧，因为他听讲时思想集中，学得很快，懂得也越来越多，下棋的技艺也逐渐掌握了，后来成了一名出色的棋手；而另一个下棋的青年则不同，每次当奕秋讲下棋

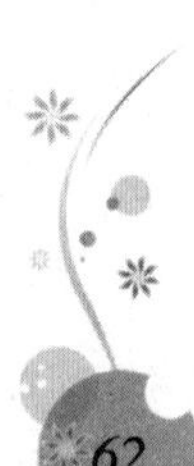

的技艺时，他虽然也坐在那里听，可是思想却开了小差，总觉得要有大天鹅飞过来了，等到天鹅快要飞到眼前时就要准备好弓和箭了。他总是在想当天鹅飞近后该如何拿弓，如何搭箭，又要如何瞄准，然后再怎样放箭，才能射中最美丽的天鹅。这个青年虽然也和前一个青年一样在学习下棋，但由于他老是思想不集中，而是沉浸在自己的遐想之中。结果可想而知，最后自然是一事无成，怏怏而归，这个青年比那个青年的资质差吗？当然不是。

在学习中，专心致志的人才能够取得进步；如果心不在焉，就什么也学不会，什么都做不好。目标专一的人会为他的目标奋勇、付出，最后得到了美好的人生，有目标而目标不专一的人是最痛苦的人，他不是没有付出，而是没有坚持，在半途中因为难或其他原因又选择了另一个目标，说不定另一个目标做了半途而废又转入了其他行业。所以，这种人到最后是一事无成，而且浪费时间。

有目标而目标不专一的人是一切都得不到的，这种人还不如那些没有梦想的人，没有梦想的人就没有烦恼，自由自在潇洒一生。

站得高，看得远

大千世界，芸芸众生，都有一种登高望远的原始冲动，登高是一个艰辛过程，望远是终极的追求目标。要通过自身的努力，达到了登高望远的境界。登高后只有一览众山小的目空一切，只有天下唯我独尊的洋洋得意，而没有高处不胜寒的如临深渊，没有万丈之巅的如履薄冰，结果是登得更高，跌得更深，落得个身败名裂。站得高，更要站得实，心性安宁；看得远，更要看得透，心无旁骛。

赵襄王向王子期学习驾车技巧，刚刚入门不久，他就要与王子期比赛，看谁的马车跑得快。可是，他一连换了三次马，比赛三场，每次都远远地落在王子期的后面。

赵襄王这下可不高兴了，他于是叫来王子期，责问道："你既然教我驾车，为什么不将真本领完全教给我呢？你难道还想留一手吗？"

王子期回答说："驾车的方法、技巧，我已经全部教给大王了。只是您在运用的时候有些舍本逐末，忘却了要领。一般说来，驾车时最重要的是使马在车辕里松紧适度，自在舒适；而驾车人的注意力则要集中在马的身上，沉住气，驾好车，让人与马的动作配合协调，这样才可以使车跑得快，跑得远。可是刚才您在与我赛车的时候，只要是稍有落后，你的心里就着急，使劲鞭打奔马，拼命要超过我；而一旦跑到了我的前面，又时常回头观望，生怕我再赶上您。总之，您是不顾马的死活，总是要跑到我的前面才放心。其实，在远距离的比赛中，有时在前，有时落后，都是很正常的；而您呢，不论领先还是落后，始终心情十分紧张，您的注意力几乎全都集中在比赛的胜负上

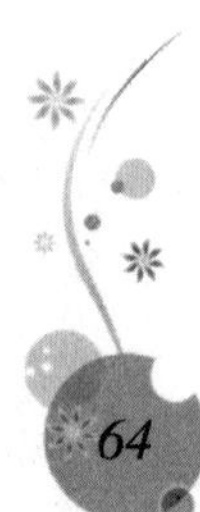

了，又怎么可能去调好马、驾好车呢？这就是您三次比赛、三次落后的根本原因啊。”

我们无论做什么事，都要站得高些，看得远些。重要的是从根本上掌握要领，不计功利，努力将眼下的每一件事情做好。如果过于患得患失，为名利所累，往往会欲速则不达，事倍功半。

从前，洛阳有一个人，总想做官，却一辈子都没遇到做官的机遇。时光如流水，几十年弹指一挥间。这个人眼看着自己头发已白，年纪老了，不禁黯然神伤。一天，他走在路上，不禁痛哭流涕起来。

有人看见他这般模样，感到很奇怪，于是走上前问他说：“老先生，请问你为什么这么伤心呢？”

这个人回答说：“我求官一辈子，却始终没有遇到过一次机会。眼看自己已这样老了，依然是一身布衣，再也不可能有做官的机会，所以我伤心痛哭。”

问他的人又说：“那么多求官的人都得到了官，你为什么却一次机会也没遇上呢？”

这个老人回答说：“我年轻时学的是文史，当我在这方面学有所成时出来求官，正好遇上君主偏爱任用有经验的老年人。我等了好多年，一直等到喜好任用老年人的君主去世后又出来求官，谁知继位的君主却是个喜爱武士的人，我又一次怀才不遇。于是，我改变主意，弃文学武。等我学武有成时，那个重视武艺的君主也去世了。现在继位的是一位年轻的君主，他喜欢提拔年轻人做官，而我，如今早已不年轻了。我的几十年光阴转瞬即逝，一辈子生不逢时，没有遇到一次做官的机会，这难道不是十分可悲的事吗？”说罢，他又哭起来了。

如果一个人认准了某个远大目标，并且脚踏实地、始终不渝地去努力拼搏，总是有成功机会的。反之，如果朝三暮四、见异思迁。或一受到挫折就改变志向，则终将一事无成。

一只普普通通的小苍蝇竟决定了一场世界台球锦标赛的结果。那是 1965 年 9 月 7 日，纽约举行一场台球世界冠军争夺赛。这场争夺

赛是在路易斯·福克斯和约翰·迪瑞之间进行的。奖金4万美元。

这两位都是台球坛上的奇才，观众们在静静地观察着比赛的进展，路易斯·福克斯得分已遥遥领先。他只要再得几分，这场比赛就将宣告结束。

这时赛厅里的气氛十分紧张，福克斯洋洋自得准备做最后几杆漂亮的击球，约翰·迪瑞沮丧地坐在一个角落里，他的败局似乎已定。

突然，在那死一般沉寂的赛厅里出现了一只苍蝇，嗡嗡作响，它绕着球台盘旋了一会儿，然后叮在了主球上。路易斯·福克斯微微一笑，轻轻地一挥手，赶走了苍蝇，他又盯着台球，准备击球；可是这只苍蝇第二次来到台盘上方盘旋，而后又落在了主球上。于是，观众中发出一阵紧张的笑声。福克斯又轻嘘一声将苍蝇赶走了，他的情绪并没有因为这种干扰而波动。但是这只苍蝇第三次又回到了台盘上。这次沉寂被打破，观众中发出一阵狂笑。原先冷静的路易斯·福克斯这次再也不冷静了。他用球杆去赶那苍蝇，想把它赶走。不料，球杆擦着了主球，主球滚动了2.54厘米苍蝇是不见了，可是由于福克斯触击了主球，他就失去了继续击球的机会，约翰·迪瑞充分地利用这一幸运的机会，长时间的连续击球直到比赛结束。迪瑞夺得了台球世界冠军，并拿走了4万美元奖金的大部分。

在前进的道路上，要保持冷静和积极正确的心态，紧紧把握住自己的主要目标，不要让无关紧要的东西干扰你。

沙伦的丈夫兰迪曾经告诉她：道路和人一样也有个性，这取决于在特定的时期你如何看待它们，感知它们。兰迪是一名运动员，体魄健壮，意志坚强。他担任中学的篮球教练，热爱自己的球队，潜心训练它们。他还是一位马拉松运动员，能一口气跑数公里而不感到疲倦。在25年的执教生涯中他极少生病，但是后来他突然患上了癌症。

于是，沙伦和他开始了为期4年的奔波：他们行驶于家与斯坦福大学医疗中心之间，为了给兰迪做诊断、化疗、紧急救护。

去医院必须经过一些让人不堪忍受的150千米路面，2个小时。

沙伦的憎恶之情与日俱增，她尤其憎恶那段拥挤不堪的瓶颈式的双车道。

兰迪从来没有抱怨过，可他的健康状况每况愈下。沙伦别无选择，只能经过这条道，可是她对它深恶痛绝。所以，当丈夫被注射吗啡睡在车上时，她紧咬牙关，死死握着方向盘，肺都快气炸了。

有一次，他们赶赴一个约会时被堵在了道上，确信兰迪已经睡着了，沙伦低声嘟哝道："我恨这条该死的路。"

"只有 6 千米。"他说。

她转过身去。他的眼睛却是闭着的。

"你说什么?"沙伦问道。

"这段路只有 6 千米长。"他的声音很平静，好像对学生一样循循善诱，"没什么大不了的。在这 6 千米路程里你可以做任何事。"

沙伦看了一下计程表。他说的很对，6 千米整。沙伦却一直相信它足有 30 千米。

突然觉得车开起来轻松多了。

6 千米是可行的、易接受的。这是他们晚上步行到海边往返的距离。是他经常背着孩子攀登的那条山路长度的一半。是到他们和孩子们玩传球游戏的那个公园的 4 倍距离。是他在大瑟尔国际马拉松赛上跑过的 42 千米中的一小段。6 千米真的没什么，尤其是在他只有几个月的弥留时间的时候，牢骚和愤怒真是不明智的事，所以，她停止了抱怨。

在去医院的路上，大多数时间他的眼睛是闭着的，她的眼睛却是睁开着的。她开始真正用眼睛去看：绿色的田野有时在太阳下闪光，有时却消隐在浓雾之中。道路两旁摆放着成筐成筐的草莓和玫瑰。破旧的小屋倒映在布满水藻、苍翠葱郁的池塘里。一匹不再能自由驰骋的老白马羡慕地注视着大道上的汽车飞驰而去。

这些景色一直在那儿，只不过以前沙伦从未注意。兰迪教会了她如何去欣赏它们。失去一个最爱的人能让人心碎，却往往也能让人眼

睛开启。

面对这条拥挤不堪、漫长而难行的路，沙伦会在心里将它分解成小段。她会把它切割成若干个6千米的路段。

你可以把任何比较大的目标都分割成容易完成的小目标，这样，你就容易感觉到“沿途”惊喜多多，风光无限。

站得高，来之不易。登山难，腿酸了，脚破了，等到享受人至山巅我为峰的感受时，才能体会到登高的来之不易。

成功属于自信的人

自信心就像能力的催化剂一样，它可以将人的一切潜能都调动起来，将各部分的功能推进到最佳状态。

一位面临毕业的学生向老师提出这样一个问题——“现代工商业社会，是标准的学历社会，一个人往往会因为自己所读的大学不怎么样，而整个将来也就这样被决定了。因为，先入为主的观念，已深植在一般人的脑海之中。这实在是一件无可奈何的事，常令人感到愤愤不平。老师您的看法如何呢？”

老师答道：“如果你真的相信是这样的话，你很可能就会变成那样。你如果认为自己只不过是一个三流大学的毕业生，你很可能就会一辈子过着三流的人生。相反的，如果你心中认为：我虽然只是一个三流大学毕业的学生，可是我才不甘愿成为一个三流的人，更不愿意一辈子过着三流的生活。果真这样想，并向着这个目标不懈地去努力，你就一定能过上一流的生活了。”

这位学生歪斜着脑袋，显然是对教师话中的意思有些不以为然，于是，老师接着说：

“社会并不是如想象中的那么简单。不见得一流大学的第一名毕业生，就一定有光明璀璨的前途在等待着他。在人生的旅途上，也绝不会有特快车可将你尽早送达目的地；同样反过来说，也不会有特慢车存在。举一个最简单的例子来说，常有著名大学毕业的人，一辈子庸庸碌碌，过着平淡的人生：也有的人虽然是小学毕业，却也能做一个成功的经营者，每天过着充实而富有活力的生活。这些例子。不都

是我们有目共睹的事实吗?"

可是，这位学生还不是非常地心悦诚服，他说：

"我常常听到人家都这么劝我、勉励我。可是，我觉得这些都是十分例外的。像日本前首相田中角荣，他不是大学毕业，可是仍然当了首相，甚至还称为庶民宰相。可是，在你说话的口气中，不是也暗示着，大部分的首相，还是一流大学毕业的；大部分工厂的经营者，也还是一流大学毕业的。不是吗?"

老师点点头说："对，你说得很有道理，问题也就在这里。的确。在我们的社会上，名牌大学毕业的学生的确都很活跃，也很吃香，原因在哪里？差别又在哪里呢？在参加大学考试时，往往只是一分之差的成绩，便被分配到二流学校的人很多，然而这并不能证明他们之间能力的差别就会很大。有一位成功的企业家曾经说过：普通大学毕业的人，是很好管理的人。言下之意，仿佛对名牌大学的毕业生，大有敬而远之之意。老实说，关键就在于此。一流大学的毕业生很早就在无意中研究过思考的方法，他们大都拥有'天真的想法'，也就是认为'自己是一流大学毕业的，所以将来一定会有光辉的前途'。正因为有这种意识的存在，可以使自己成为真正活跃、有能力的人。"

学生又问："什么是思考方法?"

"就是相信自己必定会成功。也就是说即使是没有学历的人，只要学会了这种思考的方法，也可以得到同样的结果。一流大学毕业的人，在社会上如此活跃，可以证明这种思想是正确的。"这种"思考方法"，实际上就是一种自信心。自信心对一个人一生的发展起着无法估量的作用，无论在智力上还是体力上，或是做事的各种能力上，自信心都占据着基石性的支持地位。**一个人如果缺乏自信，就会缺乏探索事物的主动性、积极性，其能力自然会受到约束。**一位教育专家曾做了一个实验，将学习成绩较差的班级的学生当作学习优秀班的学生来对待，而将一个成绩优秀的班级当作问题班来教。一段时间下来，发现情况发生了变化：原来成绩距离相差甚远的两个班级，在实

验结束后的总结测验中，平均成绩竟然相差无几。原因就是老师们不明真相，用对待好学生的态度来对待差班的学生，使学生们的自信心得到鼓励，因而学习积极性大有提高，而原来的优秀班学生受到老师怀疑态度的影响，信心受挫，致使学习态度转变，影响了学习成绩。

心理学中还有这样一个著名的实验：一个女孩长相很丑，因此对自己缺乏自信心，不爱打扮自己，整天邋邋遢遢的，做事也不求上进。心理学家为了改变她，让大家每天都对丑女孩说“你真漂亮”“你真能干”“今天表现不错”等赞扬性的话语。经过一段时间的努力，人们惊奇地发现，女孩果然漂亮了许多。其实，她的长相并没有变，而是精神状态发生了改观。她不再邋遢了，变得爱打扮、做事积极、勇于表现自己了。怎么会发生这么大的变化？其根源正在于自信心。因为女孩对自己有了自信，所以使大家觉得她比以前漂亮了许多。

相信你自己！相信你的能力！如果对你自己的力量没有最起码的、适度的信心，你是根本不可能获得成功或快乐的。有恰当的自信心，你才会成功。有自卑感和有心理缺陷，会对希望的实现形成障碍，但是，自信却能引导人自我实现和获得成功。

然而，在现实当中，许多人对自己“信心不足”。一位作家指出，世界上有三分之二的人营养不良，差别只是程度不同。同样地，世界上也有三分之二的人信心不足，也只是有着程度的不同。营养不良，使人的身体无法正常发育：信心不足，则使人无法发挥自己的潜能。正是由于这种生活态度非常重要，因此，一个人想要发挥自己内在的潜力，获得成功，首先必须充分地相信自己。

在许多成功者的身上，我们都可以看到超凡的自信心所起到的巨大作用。这些事业取得成功的人，在自信心的驱使下，敢于对自己提出更高的要求，并在失败的时候看到希望，最终获得成功。

纵观古今中外历史上众多的成功者，你会发现，许多人开始时甚至比你起步的条件更糟，但他们都取得了成功。原因是他们自信心十

足，有强烈的成功愿望。

林肯认为："一个人决定实现某种幸福，他就一定会得到这种幸福。"也就是说：成功的条件只需要有一个，你就注定有成功的希望，它就是：你希望庐功，并始终相信自己会成功，永远都不停止努力。

塞缪尔·斯迈尔斯发现许多人在一些细微的地方总是费尽心思，但却没有远大的目标。这种目光短浅的人，在生活中远不如有雄才大志者有竞争力。

当我们考虑成功的时候，不会以大学学位、家庭背景及其他情况为标准，我们是以思想的远大与渺小为准绳，我们思想的尺寸将决定成功的大小。现在，让我们来看看，怎样才能使我们的思想趋向远大。

你是否问过自己："我最大的弱点是什么？"也许，人类最大的弱点便是自我贬值——自己瞧不起自己。自我贬值的表现有很多种。比如说：某人在报纸上看到一个招聘广告，那正是他朝思暮想的位置。但是。他想："我不够格干这事，为什么要去自寻烦恼？"或者想与喜欢的姑娘约会，但不敢打电话给她，因为他觉得自己配不上她。自古以来，哲学家们给我们一个极重要的忠告：认识你自己。但是大部分人仅仅把这一劝告泽成是了解消极的自我。他们过多地看到自己的错误、短处和无能。

知道自己的不足是一件好事，因为我们每个人都不是十全十美的。但是，如果我们仅仅知道我们消极的一面，情况就很糟了。这就会使我们觉得，我们的生活价值不大。

下面是几个帮助衡量你真正价值的办法：

1. 了解你 5 个主要的长处。请几个客观的朋友来帮助寻找优点，他们将给予你真实的看法（最常见的优点多与教育、经验、技术、长相、和谐的家庭生活、态度、性格和主动性等有关）。

2. 在每个优点之下，写下 3 个人的名字，而这 3 个都是你认识的，已取得较大成功的人；但在这几个方面，他们却不如你做得好。

当你结束这一练习时，你会发现你至少在某个方面超越了许多成功者。

你会得出这样一个结论：你比你想象中的自我要伟大得多。为此，让你的思想跟上真正的你，再不要瞧不起你自己！

3．把自己当作世界上非常重要的人；认清你自己的重要性。你应该明白，当你认为自己是世界上重要的人时，那并不代表自大。

对于“看重自己”这句话，你不该将其解释成自我崇拜。那是全神贯注于自己，而将别人排除的自我迷恋。你只需顺着可能发展的方向，耐心地做你自己的工作，使自己成长，并且接受你的成长，因为你是重要的。然后你应该出去见见世面，将你的成就和别人一起分享，而使世界充满温馨。每天这样的磨炼，会使你看重自己真实的一面；当有所需时，产生呼之即来的创造力。

当你每天不断地尝试，努力，再度激发你诚挚的热情，加强你的自信，进而接纳你自己，使你与自己更接近时，你得到了什么？你得到的是：看重自己。

自信心就像能力的催化剂一样，它可以将人的一切潜能全部调动起来，将各部分的功能推进到最佳状态。

放下思想的包袱

不管你能不能或有无法做的事情，无论如何都去干，这能使一个人去完成近乎不可能的事情。充满自信，放下思想包袱，冷静思索，再难的难题都有可能攻克。

不管你能不能或有无法做的事情，无论如何都去干。这常常能使一个人去完成近乎不可能的事情。例如，有一个人新进入一家公司做销售，他没有销售经验，甚至对销售业一无所知，好在对于他一无所知的事实他自己并不知道，而且他受到了一些人的鼓励。结果他做得非常出色，以至于在销售方面负责了整个公司的业务。不知道自己不能做的这个事实而做了，并取得了成功，也许这可以说是为什么有的人成了杰出的销售家，而有的人成绩次之、再次之的缘由。

亨利·福特是一位非常了不起的人。他在 40 岁时，生意才获得成功。他没有受过多少正规的教育。在建立了他的事业王国之后，他的目光转向了制造 8 缸引擎。他把设计人员召集到一起说："先生们，我需要你们造一个 8 缸引擎。"这些聪明的、受过良好教育的工程师们深谙数学、物理、工程学，他们知道什么是可做的，什么是行不通的。他们以一种宽容的态度看着福特，好似在说："让我们迁就一下这位老人吧，怎么说他都是我们的老板嘛。"

他们非常耐心地向福特解释说 8 缸引擎从经济方面考虑是多么不合适，并解释了为什么不合适。福特并不听取这些解释，只是一味强调："先生们，我必须拥有 8 缸引擎，请你们造一个。"

工程师们心不在焉地干了一段时间后向福特汇报："我们越来越

觉得造八缸引擎是不可能的事了。”然而，福特先生可不是轻易被说服的人，他坚持说：“先生们，我必须有一个8缸引擎——让我们加快速度去做吧。”于是，工程师们再次行动了。这次，他们比以前工作努力一些了。时间花多了，也投入了更多的资金。但他们对福特的汇报与上次一样：“先生，8缸引擎的制造完全不可能。”

然而对于福特，在这位用装配线、每天5美元薪水、T型与A型改良了工业的人的字典里，根本不存在“不可能”这样的字眼。亨利·福特炯炯有神地注视大家说：“先生们，你们不了解，我必须有八缸引擎，你们要为我做一个，现在就做吧。”

最终他们制造出了八缸引擎。

有一个准备参加奥林匹克竞赛的同学每天的家庭作业是两道数学题。老师要求第二天早上交给他。

有一天，这个学生回家后，才发现教师今天给了他三道题，而且最后一道似乎有些难度。从前每天两道题，他都很顺利地完成了，从未出现过任何差错。学生想，早该增加点分量了。

他很轻松地完成前面的两道题，可是，第三道题好像不是那么容易。但是他志在必得，便满怀信心地沉入到解题的思路中……

天亮时分，他终于把这道题做完了。但他还是感到一些内疚和自责，认为辜负了老师的期望——这道题竟然做了一夜。

谁知，当他把这三道已解的题一并交给老师时，老师惊呆了。原来，最后那道竟是一道在数学界流传百年而无人能解的难题。老师把它抄在纸上，也只是出于好奇心。

结果，这个学生却在不明实情的情况下，意外地把它给解决了。

这个学生之所以能够取得成功，就在于他的自信，在于他的不知情，因此他没有心理障碍和思想包袱，他认为只有把这道题解决了，才算正常。在这种良好的心理状态下，他可以冷静而充满信心地去进行思考，结果取得了始料不及的成功。

当你遇到某个难题时，不妨开拓自己的思维，大胆提出某种假

设，或许难题会在这种假设之下迎刃而解。

1945年一个早晨，世界上第一颗原子弹在墨西哥州的沙漠里爆炸。40秒钟后，爆炸的震波到达基地的帐篷，科学家们都站在那里思索着。意大利裔美国物理学家恩里克·费米最先发出欢呼声。

在爆炸之前，费米就从笔记本上撕下一张纸，再撕成碎片。当他感到第一阵震波时，便把碎片举过头顶，然后松开手。碎纸片纷纷扬扬地落在他身后大约2.5码（约2.2米）处。经过一阵心算，费米宣布，这颗原子弹的能量大概相当于1万吨TNT炸药。复杂的仪器经过几个星期对震波的速度和压力的分析之后，证实了费米即时的计算准确无误。

1938年，费米荣获诺贝尔奖；4年之后，他制造出第一座自续型核链反应堆，宣告了核时代的到来。自费米去世至今，没有哪一位物理学家能像他一样集实验家和杰出的理论家于一身。

费米擅长把困难的问题分解成可以处理的小问题，这种才能我们也可以在日常生活中运用。比如你想不查找资料就能说出地球的周长。大家知道纽约与洛杉矶之间的距离大约是3000英里（4828千米），两地的时差是3个小时，也就是1天的1/8。地球自转一圈是1天，因此它的周长肯定是3000英里的8倍，也就是24000英里（38624千米）。这个答案与真正的数字24902.45英里（40076.7千米）相近，误差不到4%。

费米在芝加哥大学的课堂上提出了这样一个古怪的问题：芝加哥市有多少位钢琴调音师？得出答案的一种方法是：芝加哥有300万人口，如果每个家庭平均有4口人，1/3的家庭有钢琴，那么该市共有25万架钢琴。每架钢琴过5年必须调一次音，每年就有5万架钢琴需要调音。如果每位调音师每天能调4架钢琴，每年工作250天，1年里总共给1000架钢琴调音。那么，芝加哥市应该有50位调音师。这个答案恐怕不一定准确。实际上可能低到只有25位调音师，也可能高到有100位。然而，用电话号码簿加以验证，结果发现：调音师的

人数正好是那么多。

费米的意图是想说明，我们可以提出假设，然后估算出相当近似的答案。它的原理是，在任何一组计算里，错误往往会相互抵消。例如，有人会假设不是每3个，而是每6个家庭有1架钢琴，他同样也可能假设每架钢琴每两年半而不是5年必须调一次音。由于错误的估计往往相互补偿，因此其计算结果将与正确的数字相接近。

原子弹和调音师的问题很不普遍，但两个问题的解答方法是相同的，而且可以运用于更现实的问题，不论这问题是关于烹饪、汽车修理还是人际关系的。缺乏独立思考能力的人常常向书籍或其他人求教，有独立意志的人则在人人具备的常识和事实里探究，做出合理的假设，自己得出相近的答案。

独立地思考或发现总会得到报偿，这就是费米处理日常问题的方法其价值所在。如果去查找资料或者让别人来发现，你就被剥夺了伴随着创造而来的乐趣和自豪，也被剥夺了增强自信心的经验。因此，按照费米那样去解决个人的难题，有可能变成你的习惯，使你的生活丰富充实。

生活中，其实我们所面临的很多问题并不是我们想象中的那么难，只是因为我们从心理上给它设置了障碍，才使其变得“高不可攀”。

第三篇

迎接挑战，实现梦想

人生如山，文似看山不喜平。平缓的山，固然是一种安逸，但它也是一座失败的山，充其量不过是一座土丘。人生如海，海上无风三尺浪。无浪的海面固然平静，但它是一片失败的海，充其量也只是一潭死水。挑战有时也与失败并存，我们所畏惧的也许莫过于此。可是，你想过没有，纵使你失败了，你还是足可让人敬畏！因为你迎接了挑战，并且尝试了痛苦。失败并不等于输，你仍是生命的赢家！“自满是向上的最大障碍。”一个人只有对自己已经具有的东西不满，才会时刻都以饱满的热情去投入，才能够成为一个伟大的成功者。

勇于挑战极限

一个人，想要优秀，你必须要接受挑战；一个人，你想要尽快优秀，就要去寻找挑战。世界上，成功的有两种人，一种人是傻子，一种人是疯子。傻子是会吃亏的人，疯子是会行动的人。

一心大师刚剃度的时候，在法门寺修行。法门寺是个香火鼎盛、香客络绎不绝的名寺，每天晨钟暮鼓，香客如流。一心想静下心神，潜心修身，但法门寺法事应酬太繁，自己虽青灯黄卷苦苦习经多年，但谈经论道起来，自己远不如寺里的许多僧人。有人劝一心说："法门寺是个名满天下的名寺，水深龙多，纳集了天下的许多名僧，你若想在僧侣中出人头地，不如到一些偏僻小寺中阅经读卷，这样，你的才华便会很快光芒尽露了。"

一心自忖良久，觉得这话很对，便决意辞别师父，离开这喧喧嚷嚷、高僧济济的法门寺，寻一个偏僻冷落的深山小寺去。于是，一心就打点了经卷、包裹，去向方丈辞行。

方丈明白一心的意图后，问他："烛火和太阳哪个更亮些？"

一心说："当然是太阳了。"

方丈说："你愿做烛火还是太阳呢？"

一心不假思索地回答道："我当然愿做太阳！"

方丈微微一笑说："我们到寺后的林子去走走吧。"

法门寺后是一片郁郁葱葱的松林。方丈将一心带到不远处的一个山头上，这座山头上树木稀疏，只有一些灌木和零星的三两棵松树，方丈指着其中最高大的一棵说："这棵树是这里最大最高的，可它能

做什么呢?”

一心围着树看了看，这棵松树乱枝纵横，树干又短又扭曲，便说:“它只能做煮粥的劈柴。”

方丈又信步带一心到那一片郁郁葱葱密密匝匝的林子中去，林子遮天蔽日，棵棵松树秀颀、挺拔。方丈问道:“为什么这里的松树每一棵都这么修长、挺直呢?”

一心说:“都是为了争着承接天上的阳光吧。”

方丈郑重地说:“这些树就像芸芸众生啊，它们长在一起，就是一个群体，为了一缕的阳光，为了一滴的雨露，它们都奋力向上生长，于是它们棵棵都可能成为栋梁。而那远离群体零零星星的三两棵，一团一团的阳光是它们的，许许多多的雨露是它们的，在灌木中它们鹤立鸡群。没有树和它们竞争，所以，它们就成了薪柴啊。”

一心听了，思索了一会儿，惭愧地说:“法门寺就是这一片莽莽苍苍的大林子，而山野小寺就是那棵远离树林的树了。方丈，我不会再离开法门寺了!”

在法门寺这片森林里，一心苦心潜修，后来，终于成为一代名僧。

“自满是向上的最大障碍。”一个人只有对自己已经具有的东西不满，才会时刻都以饱满的热情去投入，才会更充分地展示自己的才华，才会爆发出神奇的无穷无尽的创造力，才能够成为一个伟大的成功者。

1801年，在意大利中部的小山谷。有两位年轻人，一个叫柏波罗，一个叫布鲁诺，他们是堂兄弟，都是雄心勃勃的，他们住在意大利的一个村子里。

两位年轻人从小就是要好的伙伴。

他们都有雄心勃勃的梦想。

他们常常没完没了地谈论，在某一天、通过某种方式，让自己可以成为村里最富有的人。他们都很聪明而且勤奋，他们所需要的只是

机会。

有一天，机会来了。村里决定要雇两个人把附近河里的水运到村广场的蓄水池里去。村长把这份工作交给了柏波罗和布鲁诺。

两个人各抓起两只水桶奔向河边开始了他们辛勤的工作。当一天结束时，他们把村广场的蓄水池装满了。村长按每桶水一分钱付钱给他们。

“我们的梦想终于实现了！”布鲁诺大喊着，“我简直不敢相信我们的好运气。”

但柏波罗却不是这样想的。

他的背又酸又痛，用来提那重重水桶的手也起了泡。他害怕每天早上起来都要去做同样的工作。于是，他发誓要想出更好的办法，来将河里的水运到村里去。

“布鲁诺，我有一个计划，”第二天早上，当他们抓起水桶往河边奔时柏波罗说道，“一天才几分钱的报酬，而要这样辛苦地来回提水，不如我们修一条管道将水从河里引进村里去吧。”

布鲁诺愣住了。

“一条管道？谁听说过这样的事？”布鲁诺大声地嚷道，“柏波罗，我们拥有一份很棒的工作。我一天可以提 100 桶水。按一分钱一桶水的话，一天就是 1 元钱。我已经是富人了。一个星期后，我就可以买双新鞋。一个月后，我就可以买一头牛。6 个月后，我还可以盖一间新房子。我们有全镇最好的工作。我们还有双休日，每年有两周的带薪假期。我们这辈子都不用愁了！放弃你的管道幻想吧！”

但柏波罗不是容易气馁的人，他耐心地向他最好的朋友解释这个计划。但可惜的是并不能改变布鲁诺的想法。于是柏波罗决定即使自己一个人也要实现这个计划，它将一部分白天的时间用来提桶运水，用另一部分时间以及周末的时间来建造他的管道。他知道，要在像岩石般坚硬的土壤中挖出一条管道是多么艰难的事。因为它的薪酬是根据运水的桶数来支付的，他知道在开始的时候，自己的收入会下降。

他也知道，要等上一二年，它的管道才能产生可观的效益。但柏波罗坚信他的梦想会实现，于是他全力以赴地去做了。

不久，布鲁诺和其他村民就开始嘲笑柏波罗了，称他为“管道建造者柏波罗”。布鲁诺挣到的钱比柏波罗多一倍，并常向柏波罗炫耀他新买的东西。他买了一头毛驴，配上全新的皮鞍，拴在了他新盖的两层楼旁。

他还买了亮闪闪的新衣服，在饭馆里吃着可口的食物。村民尊敬的称他为布鲁诺先生。他常坐在酒吧里，掏钱请大家喝酒，而人们则为他所讲的笑话而格外地高声大笑。

当布鲁诺晚上和周末睡在吊床上悠然自得时，柏波罗却还在继续挖他的管道。头几个月里，柏波罗的努力比并没有多大的进展。他工作的很辛苦——比布鲁诺的工作更辛苦，因为柏波罗晚上、周末也还在工作。

但柏波罗不断地提醒自己，实现明天的梦想是建立在今天的牺牲上面的。一天一天过去了，他继续地挖，一次只能挖一英寸。

“一英寸又一英寸……成为一英尺，”他一边挥动凿子，打进岩石般坚硬的土壤中，一边重复这句话。一英寸变成一英尺，然后 10 英尺（3 米）……20 英尺（6 米）……100 英尺（30 米）……

“短期的痛苦带来长期的回报，”每天的工作完成后，筋疲力尽的柏波罗跌跌撞撞地回到他那简陋的小屋时，他总是这样提醒自己。他通过设定每天的目标来衡量自己的工作成效。他这样一直坚持下来，因为他知道，终有一天，回报将大大超过此时的付出。

“目光要牢牢地盯在回报上，”每当他入睡前，耳边尽是酒馆中村民的嘲笑声时，他一遍又一遍地重复这句话：“目光要牢牢地盯在回报上。”

一天天、一月月地过去了。有一天，柏波罗意识到他的管道已经完成了一半了，这也意味着他只需提桶走一半的路程了。柏波罗把这多出的时间也用来建造管道。终于，完工的日期越来越近了。

最后，柏波罗的重大时刻终于来到了——管道完工了！村民们簇拥着来看水从管道中流到水槽里！现在村子里有源源不断的新鲜水了。附近其他村子里的人也都纷纷地搬到这个村子中来了，于是这个村子就发展和繁荣起来了。

管道一完工，柏波罗便再也不用提水桶了。无论他是否工作，水都一直源源不断地流入。

他吃饭时，水在流入。他睡觉时，水在流入。当他周末去玩时，水还在流入。流入村子的水越多，流入柏波罗口袋里的钱也就越多。

许多年以后，尽管柏波罗和布鲁诺已退休多年了，他们遍布全球的管道生意还是每年把几百万的收入汇进他们的银行账户。他们有时会到全国各地旅行，也会遇到一些提水桶的年轻人。

世界上，许多人因为缺乏远见、不思进取而终生默默无闻，一事无成，这是非常可悲的。我们不要满足于生活在一个“提桶的世界”里，要敢做“建造管道的”梦。

世上本没有绝境，只有对绝境产生绝望的心。再绝望的绝境，都只是一个过程，都有结束时候。面对绝境，回避不是办法，挑战才有出路，昂扬向上的人在绝境中捕捉飞逝的机遇，消极颓废的人在绝望中走向堕落。

生命不息，奋斗不止

不管结果如何，只要记住，每向前跨出一步，就离希望近了一分，即使是最终倒在了奋斗的路上，也要一直保持拼搏的姿势。不放弃，就不会停止，生命就是这么简单。生命不息，奋斗不止；奋斗不止，生命不息。

一个国王添了一个爱漂亮的王子，在孩子洗礼的那一天，有12个仙女受上帝的派遣前来祝贺，每一个仙女都带来了珍贵的礼物。第1个仙女带来的礼物是智慧，国王很高兴地收下了。第2个仙女带来的是珍宝，国王同样高兴地收下了。第3个带来的是力量，第4个带来的是财富，第5个带来的是英俊，第6个带来的是情感，第7个带来的是健康，第8个带来的是朋友，第9个带来的是爱情，第10个带来的是知识，第11个带来的是关怀，国王都十分高兴地一一收下了。但是到了第12个的时候，国王愣住了，因为她带来的礼物是不满。国王认为，我的儿子什么都不缺少，要什么有什么，怎么能够让他有不满呢？他毫不犹豫地拒绝了第12个仙女的礼物，国王甚至对这个仙女有些不客气。

随着岁月的流逝，王子渐渐长大了，继承了王位的他英俊漂亮，性情温和，身体健康。但是，在他的心灵里，却没有那种因为不满而产生追求未来的雄心大志，没有因为不满而产生的要建功立业的抱负。对已经拥有的什么都满意，对自己的国家什么都满意，对于再平庸的大臣，也没有什么不满意的，从来都不想着改革创新，从来都不想着励精图治。久而久之，因为他每一天都在自得意满的状态中，大

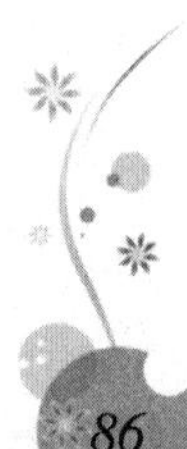

臣们也都变得不思进取。他的国家落后了、穷困了，很快沦落为一个落后的国家，不久被邻国吞并了。

在他的国家被消灭的时候，老国王还没有死。面对灾难，他幡然醒悟，原因是他把上帝送给儿子的最珍贵的礼物拒绝了，不满的礼物对于儿子来说才是最珍贵的。

“不满”是最珍贵的礼物。“不满”会让你保持不断奋发向上的斗志，在生活中不断地追求，不断地进步。

101 岁的哈里·莱伯曼身材瘦长，脸上皱纹已深，下巴留着一撮胡须，头发花白，但却精神焕发，衣着也很讲究，看上去最多不过 80 岁。

而 80 岁，这正是他开始学习作画时的年纪！

莱伯曼是在一所老年俱乐部里和绘画结下缘分的。那时，老人歇业已有 6 年。他常到城里的俱乐部去下棋，以此消磨时间。一天，女办事员告诉他，往常那位棋友因身体不适，不能前来作陪。看到老人的失望神情，这位热情的办事员就建议他到画室去转一圈，还可以试画几下。

“您说什么，让我作画?”老人哈哈大笑，“我从来没有摸过画笔。”

“那不要紧，试试看嘛！说不定您会觉得很有意思呢！”

在女办事员的坚持下，莱伯曼来到了画室。过了一会儿，她又跑来看看老人“玩”得是否开心。

“呵呵，先生！您刚才在骗我！您简直是一位名副其实的画家。”她笑着对老人说。

不过，老人说的全是实话，这确实是他第一次摆弄画笔和颜料。提起当年这件往事，老人颇有感慨：“这位女办事员给了我很大鼓舞，从那以后，我每天去画室。她又使我找到了生活的乐趣。退休后的 6 年，是我一生中最忧郁的时光。没有什么比一个人等着走向坟墓更烦恼的了。从事一项活动，就会感到又开始了新的生活。”

绘画，对于这位八旬老人来说已经不仅仅是一项单纯的消遣活动。81 岁那年，老人还去听了绘画课，一所学校专为成年人开办的 10 周补习课程。这是莱伯曼有生以来头一次也是仅有的一次学习绘画知识。第三周课程结束的时候，老人抱怨任课教师、画家拉里·理弗斯从来不给他帮助指导。

“您给每个人讲这讲那，对我却只字不说。这是为什么？”显然，老人不高兴了。

“先生，因为您所做的一切，连我自己都做不到。我怎么敢妄加指点呢？”最后，理弗斯还自愿出钱买下了老人的一幅作品。

就这样，不到 4 年的光景，哈里·莱伯曼的作品先后被一些著名收藏家购买，并进了不少博物馆。美国艺术史学家斯蒂芬·朗斯特里特写道：“许多评论家、艺术品收藏家，透过这种热情奔放、明快简洁的艺术，看到了一个大艺术家的不凡手法。可以说，莱伯曼是带着原始眼光的夏加尔。”

1977 年 11 月，洛杉矶一家颇有名望的艺术品陈列馆举办了其第 22 届展览，题为：哈里·莱伯曼 101 岁画展。这位百岁老人笔直地站在入口处，迎候参加开幕仪式的 400 多名来宾，其中有不少收藏家、评论家和新闻记者。作品中表现出来的活力赢得许多参观者的赞叹。老人说道：“我不说我有 101 岁的年纪，而是说有 101 年的成熟。我要向那些到了 60、70、80 或 90 岁就自认上了年纪的人表明，这还不是生活的暮年。不要总去想还能活几年，而要想还能做些什么。着手干些事，这才是生活！”

不管到了什么年纪，都要想想自己还能做些什么。“生命不息，奋斗不止”的人生才充实，才有意义。

在一棵大树上，住着一只八哥，它每天都在那儿用非常圆润的歌喉，唱着悦耳的曲子。

初夏的早晨，当八哥唱歌的时候，忽然听见了一阵震耳欲聋的嘶叫声，它仔细一看，在那最高的树枝上，贴着一只蝉，它一秒钟也不

停地发出“知了一知了一知了”的叫声，好像喊救命似的。八哥跳到它的旁边，问它：“喂，你一早起来在喊什么呀？”

蝉停止了叫喊，看见是八哥，就笑着说：“原来我们是同行啊，我正在唱歌呀。”

八哥问它：“你歌唱什么呢？叫人听起来挺悲哀的，有什么不幸的事发生了么？”

蝉回答说：“你的表现力比你的理解力要强，我唱的是关于早晨的歌，那一片美丽的朝霞，使我看了不禁兴奋得要歌唱起来。”

八哥点点头，看见蝉又在抖动起翅膀，发出了声音，态度很严肃。它知道要劝蝉停止，是没有希望的，就飞到另外的树上唱歌去了。

中午的时候，八哥回到那棵大树上，它听见那只蝉仍旧在那儿歌唱，那“知了一知了一知了”的喊声，比早晨更响。八哥还是笑着问它：“现在朝霞早已不见了，你在唱什么呀？”

蝉回答说：“太阳晒得我心里发闷，我是在唱热闹呀。”

八哥说：“这倒还差不多，人们只要一听到你的歌就会觉得更热。”

蝉以为这是对它的赞美，就越发起劲地唱起来。八哥只好再飞到别的地方去。

傍晚了，八哥回来了，那只蝉还在唱！

八哥说：“现在热气已经没有了。”

蝉说：“我看见了太阳下山的本事，兴奋极了，所以唱歌，欢送太阳。”一说完，它又继续着唱，好像怕太阳一走到山的那边，就会听不见它的歌声似的。

八哥说：“你真勤勉！”

蝉说：“我总好像没有唱够似的，我的同行，你要是愿意听，我可以唱一支夜曲。”

八哥说：“你不觉得辛苦吗？”

蝉说："我是爱歌唱的，只有歌唱着，我才觉得快乐。"

八哥说："但是，我在早上、中午、晚上，听你唱的是同一首歌呀。"

蝉说："我的心情是不同的，我的歌也是不同的，我生来就具备了最好的嗓子，我可以一口气唱很久也不会变调！"

八哥说："我说句老实话，我一听见你的歌，就觉得厌烦极了，原因就是它没有变化；没有变化，再好的歌也会叫人厌烦的，你不肯休息，已使我害怕，明天我要搬家了。"

再美妙的乐曲，如果反复重奏也会变得单调和枯燥。任何事物如果一成不变，都会被别人因厌倦而抛弃。

"生命不息，奋斗不止"为人生信条，用自己的双肩和智慧去承担这份责任，用我的双手去完成这份重托，用自己的努力去成就自己的人生，把握自己的命运。

有梦想不是做梦

不管梦想是什么，只有带着淡然的态度，做好当前的事情，才能如愿以偿。

只有到了未来，才知道今天做的事情有什么意义。无论你选择做什么，那都是你理想的未来。能抓住机遇的人，大都是不假思索就作出选择的人。不能实现梦想的人，都是想要一样东西，却不愿意为之付出足够的努力。

5 年前，戴尔到南方乡村搞福利工作。他要做的就是让每个人相信自己有自给自足的能力，并激励他们去实现自己的想法。

当戴尔来到一个叫密阿多的小镇后，当地政府帮他召集了 25 个靠政府福利生活的穷人。戴尔和他们一一握手后，问他们的第一个问题是：“你们有什么梦想？”每个人都用怪异的眼神看着戴尔，好像他是外星人一样。

“梦？我们从来不做梦。做梦又不能让我们发财。”其中一个红鼻子寡妇回答道。

戴尔耐心地解释道：“有梦想不是做梦。你们肯定希望得到些什么，希望什么事情能突然实现，这就是梦想。”

红鼻子寡妇说：“我不知道你说的梦想是什么东西。我现在最想赶走野兽，因为它们总是想闯进我家咬我的孩子。”

大家都笑了起来。

戴尔说：“哦！你想过什么办法没有？”

她说：“我想装一扇牢固的、可以防御野兽的新门，这样我就可

以出去安心干活了。”

戴尔问：“有谁会做防兽门吗？”

人群中一个有些秃顶的瘸腿男人说：“很多年以前我自己做过门，现在恐怕都不会了。不过我可以试试。”

接着，戴尔问大家还有什么梦想。

一位单亲妈妈说：“我想去大学里学文秘，可是没有人照顾我的6个孩子。”

戴尔问：“有谁能照顾6个孩子？”

一位孤寡老太太说：“我以前帮助别人带过不少孩子，我想自己能带好那些可爱的小家伙。”

戴尔给那个秃顶男人一些钱去买材料和工具，然后让这些人解散了。

一星期后，戴尔重新召集那些穷人。他问那个红鼻子寡妇：“你家的防兽门装好了吗？”

红鼻子寡妇高兴地说：“我再也不用在家守护我的孩子了，我有时间去实现我的梦想了。”

接着，戴尔问秃顶男人感想如何。他对戴尔说：“很多年前我给自家做过防兽门，当时做得也不好，后来我就再也没有做过。这次我想一定要做好，结果真的做好了。许多人都说我很了不起，能做那么结实漂亮的门。”

很多时候，不是我们自己没有本事，而是我们故步自封，不愿意去尝试，或者不愿意去努力。只要你采取积极有效的行动，很多梦想真的是可以实现的。

有一段时间，在政治上受到打击的丘吉尔整日神情抑郁，全家人看在眼里，急在心里。而丘吉尔的一个邻居的妻子刚好是一个画家，家里常常堆满了各种各样的颜料、画笔、画布以及画好的作品。丘吉尔一家常常有机会欣赏那位邻居的杰作。后来在家人的劝慰下，丘吉尔开始跟他的邻居学习油画。

丘吉尔在政治舞台上是一个敢作敢为的政治家，可是对着那张干净整洁的画布，他半天都不敢下一笔，生怕出一点差错。那个女画家见了，索性将所有的颜料全倒到了画布上。丘吉尔一见那画布上已经满是颜料了，于是就拿起他的画笔开始在画布上任意涂抹起来。就这样，丘吉尔画出了他的第一幅作品。虽然并不完美，但那毕竟是一个很大的突破了。

从此，丘吉尔开始放开手脚画画了。经过不断的练习，丘吉尔终于在画技上有了长足的进步。最后丘吉尔不仅给画坛留下了大量思维大胆、风格各异的油画作品，而且还恢复自信，并东山再起，在英国甚至全世界的历史上创造了一番惊人的业绩。

好的开始是成功的一半。但是如果没有好的开始，我们不妨试试一个坏的开始，要相信，即使一个坏的开始，也要比永远没有开始要好多了。

古代波斯有一位国王，想挑选一名官员担当一种重要的职务。

他把那些智勇双全的官员全都召集了来，试试他们之中究竟谁能胜任。

官员们被国王领到一座大门前，面对这座国内最大、来人中谁也没有见过的大门，国王说："爱卿们，你们都是既聪明又有力气的人。现在，你们已经看到，这是我国最大最重的大门，可是一直没有打开过。你们之中谁能打开这座大门，帮我解决这个久久没能解决的难题?"

不少官员远远张望了一下大门，就连连摇头。有几位走近大门看了看，退了回去，没敢去试着开门。另一些官员也都纷纷表示，没有办法开门。

这时，有一名官员却走到大门下，先仔细观察了一番，又用手四处探摸，用各种方法试探开门。几经试探之后，他抓起一根沉重的铁链子，没怎么用力拉，大门竟然开了！

原来，这座看似非常坚牢的大门，并没有真正关上，任何一个人

只要仔细察看一下，并有点胆量试一试，比如拉一下看似沉重的铁链，甚至不必用多大力气推一下大门，都可以打得开。如果连摸也不敢摸，看也不看，自然会感到对这座貌似坚牢无比的庞然大物束手无策了。

国王对打开了大门的大臣说："朝廷那重要的职务，就请你担任吧！因为你不光是限于你所见到的和听到的，在别人感到无能为力时，你却会想到仔细观察，并有勇气冒险试一试。"他又对众官员说："其实，对于任何貌似难以解决的问题，都需要开动脑筋仔细观察，并有胆量冒一下险，大胆地试一试。"

那些没有勇气试一试的官员们，一个个都低下了头。

很多久久没能解决的难题并不一定是高不可攀的。开动脑筋，放开胆量冒一下险，努力去尝试，可以解决很多貌似难以解决的问题。

有一个人在沙漠行走了两天。途中遇到暴风沙。一阵狂沙吹过之后，他已认不得正确的方向。正当快撑不住时，突然，他发现了一幢废弃的小屋。他拖着疲惫的身子走进了屋内。这是一间不通风的小屋子，里面堆了一些枯朽的木材。他几近绝望地走到屋角，却意外地发现了一台抽水机。

他兴奋地上前汲水，却任凭他怎么抽水，也抽不出半滴来。他颓然坐地，却看见抽水机旁，有一个用软木塞，堵住瓶口的小瓶子，瓶上贴了一张泛黄的纸条，纸条上写着：你必须用水灌入抽水机才能引水！不要忘了，在你离开前，请再将水装满！

他拔开瓶塞，发现瓶子里，果然装满了水！

他的内心，此时开始交战着：如果自私点，只要将瓶子里的喝掉，他就不会渴死，就能活着走出这间屋子！如果照纸条做，把瓶子里唯一的水，倒入抽水机内，万一水一去不回，他就会渴死在这地方了——到底要不要冒险？

最后，他决定把瓶子里唯一的水，全部灌入看起来破旧不堪的抽水机里，以颤抖的手汲水，水真的大量涌了出来！

他将水喝足后，把瓶子装满水，用软木塞封好，然后在原来那张纸条后面，再加他自己的话：相信我，真的有用。在取得成功之前，要先学会付出。

春天播种，秋天才能够收获；大胆投资，才能获得利润回报。在获得成功之前，先要无私地付出。

法伊娅17岁从伊朗以留学生身份来到加拿大，当时一句英文都不会讲。在入境时，海关人员问她的行李包里有什么东西，她听不懂，也说不清楚，对方大为紧张，使用许多先进仪器把她的行李探测了个仔细，才敢打开检查。就这样，她只身踏上加拿大的土地，一边学英语，一边在多伦多大学修读电脑课程。毕业后她跟随丈夫移居卡尔加利。

20世纪80年代初的卡尔加利还是一个小城市，当时经济也不太好，法伊娅遍寻工作无果，就开始为一个私人雇主编写程序。但6个月后她前往雇主家中查询，发现该地址已人去楼空，过去几个月的工作完全白费，工资报酬自然也是没有拿到。

没有报酬的第一份工作成了敲门砖。法伊娅此后找到一个公司电脑部门的编程工作，后来也换过几家公司，经过多年的努力和经验积累，她做到了贝尔加拿大地区的副总裁。然而半个月前，在为贝尔公司工作了10多年后，她在机构重整中和其他20多位副总裁一同被请出大门。

她坦然相告，这是她职业生涯中的一次巨变。她笑言：终于可以休一个长假了，好好调整身心。说到今后的打算，她把这次变更看作是新的机遇和挑战，去做一些自己真正喜欢做的事情。

这位在一般人眼中的成功女性，从一句英文都不会的留学生到成为加拿大最大的电话通信公司的副总裁，到现在和许多人一样重新面临职业和事业的选择，是不是可以给我们一些启示呢？

人生本来就是一种适应不停变化的过程，命运中有很多难以控制的因素影响着我们的发展。我们唯一可以控制的，是自己的心态和

方向。

不求与人相比，但求超越自己，要哭就哭出激动的泪水，要笑就笑出成长的性格。与其用泪水悔恨今天，不如用汗水拼搏今天。当眼泪流尽的时候，留下的应该是坚强。

可以失言，不能失信；可以倒下，不能跪下；可以求名，不能盗名；可以低落，不能堕落；可以放松，不能放纵；可以虚荣，不能虚伪；可以平凡，不能平庸。

敢于冒险才有收获

从根本上说，生活是冒险；要舒畅地生活，就要有勇气增强自己的力量，坚定自己的信心。聪明的冒险是人类谨慎中最值得赞誉的一部分。如果我们不敢去冒风险，那就算我们没有种。

美国探险家约翰·戈达德 15 岁的时候，只是洛杉矶郊区一个没见过世面的孩子，他把自己一辈子想干的大事列了一个表。他把那张表题名为“一生的志愿”。表上列着：“到尼罗河、亚马孙河和刚果河探险；登上珠穆朗玛峰、乞力马扎罗山和麦特荷恩山；驾驭大象、骆驼、鸵鸟和野马……”每一项都编了号，一共有 127 个目标。

当戈达德把梦想庄严地写在纸上之后，他就开始抓紧一切时间来实现它们。16 岁那年，他和父亲到了乔治亚州的奥克费诺基大沼泽和佛罗里达州的埃弗格莱兹去探险。这是他首次完成了表上的一个项目，他还学会了只戴面罩不穿潜水服到深水潜游，开拖拉机，并且买了一匹马。20 岁时他已经在加勒比海、爱琴海和红海里潜过水了。他还成为一名空军驾驶员，在欧洲上空做过 33 次战斗飞行。他 21 岁时已经到 21 个国家旅行过。22 岁刚满，他就在危地马拉的丛林深处发现了一座玛雅文化的古庙。同一年他就成为“洛杉矶探险家俱乐部”有史以来最年轻的成员。接着他就筹备实现自己宏伟壮志的头号目标——探索尼罗河。戈达德 26 岁那年，他和另外两名探险伙伴来到布隆迪山脉的尼罗河之源。紧接着尼罗河探险之后，戈达德开始接连不断地加速完成他的目标：1954 年他乘筏漂流了整个科罗拉多河；1956 年探查了长达 2700 英里的刚果河；他爬上阿拉拉特峰和乞力马

扎罗山；驾驶超音速两倍的喷气式战斗机飞行；写成了一本书《乘皮艇下尼罗河》；开始担任专职人类学者之后，他又萌发了拍电影和当演说家的念头，在以后的几年里他通过讲演和拍片为他下一步的探险筹措了资金。

将近60岁时，戈达德依然显得年轻，漂亮，他不仅是一个经历过无数次探险和远征的老手，还是电影制片人、作者和演说家。戈达德已经完成了127个目标中的106个。他获得了一个探险家所能享有的荣誉，其中包括成为英国皇家地理协会会员和纽约探险家俱乐部的成员。沿途他还受到过许多人士的亲切会见。

戈达德在实现自己目标的征途中，有过18次死里逃生的经历。他说："这些经历教我学会了百倍地珍惜生活，凡是我能做的我都想尝试。"

敢于冒险尝试，是通向成功的必由之路。每个人都有自己的目标和梦想、但并不是每个人都去努力实现他们。为了获得理想的人生，别再延宕，从现在就开始行动吧！

你可能会认为一位50岁的女士买辆摩托车是在"冒傻气"。但，贝莎却决定这样做了。

"买它到底干什么？"亲戚、朋友不满地问。

"去探路。"贝莎告诉他们。

"开着小车照样可以做同样的事情。"他们说。

"是的，但我怎能随时停车，去欣赏遍地的野花和去倾听小溪的私语呢？"贝莎回答说。

"你会出事的。"他们说。

"也许会这样。但这正是我还未驾过轻骑的原因。你可以自由自在地驾驶小车，但你也未必就不会被抛向空中，就像斗牛士在牛角上一样。"贝莎用自己的理由回答他们的好心。

为了好好练习一番，就得找块安全地。贝莎发现了一条石板小径，在周末期间，她常可独自享有这条小路。每当她对摩托车发烦

时，便下车慢悠悠地转一圈，尔后便开足马力返回。驾驶技术每天都有些长进，贝莎驱车慢行时，常常乐得哈哈大笑，没想到这样无忧无虑自由地闯入风中，会是这般兴奋。

有一天，贝莎冒险驶到离村庄两英里远的河边，支好车架，便拎了一包菜到河边喂鸭子。一会儿，隐隐约约感觉到有人在盯着摩托车，突然，她的胳膊被碰了一下。

贝莎回头一瞥，原来是两个小孩。其中一个向伙伴点了一下头，说："我们想用我们的自行车换你的这个。"

贝莎笑了，但一张充满稚气的小胖脸和一张生有雀斑的脸却十分严肃。她认真答道："这是一个慷慨的建议，但我一人用不了两辆自行车。"

他们点点头，表示能理解……

邻居们似乎也产生了兴趣。贝莎骑车经过他们时，他们微笑着招手致意："可好?"头一次，她以为是因为自己的头盔，变色镜、长手套和身着皮夹克的"全副武装"模样看起来很有趣。但此后，她从他们脸上看到的，都是热情和对冒险行为的羡慕。

当然，骑摩托车很危险。贝莎的一位朋友对此最具说服力：她曾骑车摔进水坑，付出了折断胳膊的代价；另外有一位寡妇在返校途中，跌入了深坑，因之不敢再出现在讲台上，怕年轻的学生嘲笑。

但，贝莎却始终乐此不疲，并从中得到了很多的乐趣。

比冒险更危险的事是不是不应该去做?也许正如作家卡里逊·肯勒所言："人老不应惧险。"倘若能以这样的方式生活，这辈子便"没白过"了。或许，不一味追求"安定"而追求"没白过"，是生活的真正要点。

小张到美国学习两年，顺利地拿到硕士学位，随即应征到一份相当不错的工作。

公司的业务蒸蒸日上，正在迅速的拓展，工作环境好，报酬佳，而升迁的机会尤多。

以前担任张同一职位的两位美国佬，都已先后加俸晋爵，独当一面去了。

留学生，异国异乡，能谋得这样好的差事，真是祖上积德，岂能不兢兢业业，万事小心！一年很快过去了，万幸天下太平，无差无错。

年终老板召见，小张心中不由漾起希望："被提拔的两位同仁，做满一年，或多或少，总是犯了几件错；而我……"推开门，老板的笑容显得分外地亲切。

小张遵嘱侧身危坐，听候佳音。

"张先生，你一年的工作情形很好……"老板瞄了下桌上的人事卷，顿了顿，调整一下语气："不过公司要紧缩人事，这是件很不得已的事，想必你能谅解。依照规定，你可以领三个月的遣散费。相信你很快地就会找到更好的工作。"

小张被这突如其来的震撼惊呆了，不知所措，还怀疑是听错了话。

停了好一阵，他仗着胆反问道："您的意思是说，我被炒鱿鱼了？犯了错？还是……"

小张的语气不由得激动起来："还是因为我是中国人，就被歧视？"

"歧视"在强调保障工作机会平等的美国社会，是一项严重的控诉，老板不得不重视这个问题。

"张先生，不要激动。公司从几百封应征函里选中了你，可见我们对中国人绝没有一点歧视的意思。你确实没有犯什么过错。而事实上，就是因为没有犯错，公司才这么做。你知道，公司正在大力的推展业务，急需独当一面、创业立业的人才。公司对于你的训练、你的学识都算满意，但是对于你做事的方式不能接受。"

"我们都知道，人就是人，不是神。人都不能免于犯错。不犯错的人只有两种人：一种人不做不错，只知道在现成的路上、跟着别人

走，有错也让别人犯。这种人或许不会犯错，但也不会从尝试、错误中进步。另一种人不是不犯错，而是犯了错，隐藏蒙混得好，甚至强说那不是错……不管是那一种‘不犯错的人’，都不是公司所需要的。”

一个人如果在思想上和行动上都具有独创的和革新的精神，那他就必须不怕犯错误。一个具有巨大能力来提出多种可能性，并能自由地表现自己热情地关怀这些可能性的人，对于所犯错误一定表现得大度。因害怕错误而缩手缩脚的人，常常会错失许多很好的机会。

《纽约时报》在配上处刊登了一则广告，大意是说某海滨城市有一幢豪华别墅公开出售，靠海、向阳、有华园草地，只售一美元。后面还留有联系电话及别墅详细地址等等。

广告连续刊登了一个月，无人问津。又刊登了一个月，还是无人问津。有一天，一个退休老人读报，又看到了这条广告。于是想：这城市离自己家不远，一美元的别墅是啥样，去看看稀奇。于是就动身去了那座海滨的城市。

老人按地址找到了这幢别墅，简直不相信自己的眼睛——这真是一幢豪华气派的别墅。他按了一下门铃，一个老太太开门让他进去了。他怀疑地看着自己眼前的一切，几乎不敢问这幢别墅是不是广告上的那幢。但好奇心还是挡不住，他支支吾吾地向老太太讲明了自己来的目的。老太太说：“没错，这幢别墅只售一美元！”老人大喜过望，掏出一美元，准备购这幢别墅。这时，老太太指了指桌边一个正在写着什么文件的人说：“对不起，先生，他比你早到了一刻钟，正在签订合同呢！”

这下，老人从刚才强烈的好奇一下跌进了深深的懊悔之中，不断地责怪自己为什么不早一点来呢！

故事的结局简单而又合理——临别，老人控制不住自己的好奇心，希望房东老太太能告诉自己，为什么这么漂亮的别墅只售一美元？老太太告诉他：这幢别墅是自己丈夫留下的遗产。在遗嘱中丈夫

交代，自己的所有财产归老太太拥有，但这幢别墅出售后所得归自己的情人拥有。老太太听完遗嘱，十分伤心，因为她没想到自己深爱着的丈夫竟然会有情人，大怒之下将这幢豪华别墅以一美元出售，然后按法律规定将所得交给丈夫的情人。

传统的观念和思维定式让我们放弃了很多有价值的机会。当我们发现身边有一丝可能的良好机会的时候，千万不要轻易地认为不值得冒险尝试。

有冒险才有希望。不冒点风险，不遭些挫折，新字就创造不出来。因为一旦新字被人们接受，褒誉是极其平常的；然而一旦被人们贬斥，奚落就会接踵而来。

拿出你的勇气

我们要时时注意，勇气常常是盲目的，因为它没有看见隐伏在暗中的危险与困难，因此，勇气不利于思考，但却有利于实干。因为在思考时必须预见到危险，而在实干中却必须顾及危险，除非那危险是毁灭性的。所以**对于有勇无谋的人，只能让他们做帮手，而绝不能当领袖。**

九死一生，历尽千辛，一位探险家从杳无人迹的深山里发掘出一批稀世珍宝，他又花费了九牛二虎之力把它们带了回来。

为了保险起见，他在保险公司投了巨额保单，保险公司把这些珍宝存放在金库中一个特制的保险柜里。

据说这是全国最隐秘的一个金库，即使动用一个加强连，也无法接近保险柜。

开始几年，探险家每过几天都要到保险公司亲自检查，看看保险柜是不是出了问题。

接连几年，保险柜都安然无恙，渐渐地，探险家也就放松了警惕。

有一天，他突然想起，自己还拥有一笔价值连城的珍宝，于是急急忙忙奔向保险公司。

当他来到金库时不由大惊失色，他的保险柜不翼而飞。

探险家一着急，心脏病发作了，在送往医院的途中，他与世长辞了。

他到死也没有想到，不是别人，恰恰是保险公司的工作人员精心

策划了这起特大盗劫案！他绞尽脑汁地防范外面的盗贼，但是做梦也没有想到，盗贼就在保险公司内部；原来只担心那批珍宝丢失，想不到连保险柜也会失盗。这位探险家遇到的最大危险竟然不是在探险途中，而是在保险公司。

人生也不能保险，就像那个保险柜，一样也会丢掉。

不管你是否做好准备，不管你是否心甘情愿，人生都是一系列的探险。一切自有安排，一切都是过程，悲欢离合、成败得失，这一切要看透，更要看开，对一切可能发生的变故要有所准备，以保持平和宁静的心态。

杰克住在英格兰的一个小镇上。他从未看见过海，他非常想看一看海。有一天他得到一个机会，当他来到海边，那儿正笼罩着雾，天气又冷。“啊，”他想，“我不喜欢海。庆幸我不是水手，当一个水手太危险了。”

在海岸上，他遇见一个水手。他们交谈起来。

“你怎么会爱海呢？”杰克问，“那儿弥漫着雾，又冷。”

“海不是经常冷和有雾。有时，海是明亮而美丽的。但在任何天气，我都爱海。”水手说。

“当一个水手不是很危险吗？”杰克问。

“当一个人热爱他的工作时，他不会想到什么危险。我们家庭的每一个人都爱海。”水手说。

“你的父亲现在何处呢？”杰克问。

“他死在海里。”

“你的祖父呢？”

“死在大西洋里。”

“而你的哥哥……”

“当他在印度一条河里游泳时，被一条鳄鱼吞食了。”

“既然如此，”杰克说，“如果我是你，我就永远也不到海里去。”

“你愿意告诉我你父亲死在哪儿吗？”

“啊，他在床上断的气。”杰克说。

“你的祖父呢？”

“也是死在床上。”

“这样说来，如果我是你。”水手说，“我就永远也不到床上去。”

在懦夫的眼里，干什么事情都是危险的；而热爱生活的人，却总是蔑视困难，勇往直前。

有一位著名的生物学权威教授拉塞特，看到生物学的著述都错误百出，于是教授宣称他决定出版一本内容绝无错误的生物学巨著。

经过一段时间，在众人引颈期待中拉塞特教授的生物学巨著终于出版了，书名叫作《夏威夷毒蛇图鉴》。许多钻研生物学的人，迫不及待地想一睹这本号称“内容绝无错误”的生物学巨著。

但每个拿到这本新书的人，在翻开书页的时候，都不禁为之一怔，每个人几乎不约而同地急忙翻阅全书。看完整本书后，每个人的感觉也全都相同，脸上的表情亦是同样的惊愕。

原来整本的《夏威夷毒蛇图鉴》，除了封面几个大标题的大字之外，内页全部是空白。也就是说，整本《夏威夷毒蛇图鉴》里，全都是白纸。

大批记者涌进拉塞特教授任职的研究所，七嘴八舌地争相访问教授，想弄清楚这究竟是怎么一回事。

面对记者的镁光灯，拉塞特教授轻松自若地回答：“对生物学稍有研究的人都知道，夏威夷根本没有毒蛇，所以当然是空白的。”

拉塞特教授充满智慧的双眼，闪烁着奇特的光芒，继续道：“既然整本书是空白的，当然就不会有任何错误了，所以我说，这是一本有史以来，唯一没有错误的生物学巨著。”

在这个世界上，谁都难免犯错误，即使是 4 条腿的大象，也有摔跤的时候。正如一位哲人所说：“人要不犯错误，除非他什么事也不做，而这恰好是他最基本的错误。”

一个周日帕梅拉和几个朋友去郊外爬山。那天他们玩得很尽兴。

不知不觉太阳都快落山了，他们还在山顶。如果原路返回还需要两到三个小时的时间。这时候有人提议说知道另外一条捷径，不到一个小时就可以下山，但是要跨过一条小沟。

望着越来越低的太阳，他们一直同意走近路。

那小沟大概有几米深，沟里是潺潺的溪水，在四月的黄昏里发出响亮而空洞的声音，那种声音让人想到不慎失足掉下去的惨烈……前进还是后退？他们在沟前犹豫了很久。天一点一点暗了下来。

这时候，一个女孩站了出来。一个年轻的女孩。她拿了一根树枝在沟之间比画了一下。然后放在地上说："沟就是那么宽的距离，大家跳跳试试看"。大家很轻易就在平地上跳过了那个和沟宽差不多的距离。但是面对溪水哗哗的小沟，有人还是犹豫。女孩第一个跳过去了。大家相互鼓励着，一个个也都跳过去了，包括胆小的帕梅拉。

那个傍晚，他们很快就下了山。而且，在新的道路上，他们还发现了一大片粉红嫩白的桃花。在这样一个落花时节，那绚烂的色彩不能不算一道令人惊喜的风景。而下山没多久，雨下起来了，又大又急。大家都笑着说："那小沟并没有我们想象中的可怕吧！可怕的只是我们心中的想象。我们一抬腿，不就过来了吗？而世事难料，安全也不是绝对的。如果我们当时选择熟悉的那条路回来，说不定都成了落汤鸡了。"

生活中难免要遇到各种各样的沟沟坎坎。在许多困难面前，人需要的，只是那一抬腿的勇气。

一个盲人过桥的时候不慎把脚踩空了桥面。他身体一倾，几乎栽倒在桥下。幸好桥栏杆上的横木挡了他一下，于是他用双手抓住了栏杆，而身体却悬在半空中。

盲人以前曾不止一次在这座桥上走过。尤其是在那春雨过后、山洪暴发的日子，他过桥时听到桥下哗哗作响的流水声，真有点毛骨悚然、胆战心惊。

可是这一次盲人过桥，正值秋高气爽、小河断流的季节。一般的

人过桥看得见桥下干涸的河床，走在桥上有走旱路的感觉。然而盲人却没法看到河中的情形，他凭以往的经验判断，认为桥下必定是水流湍急的深渊。因此，他失脚以后使出了浑身的力气抓住桥栏杆不放，一边奋力挣扎着试图爬上桥去；一边急切地希望得到他人的救助。

当时从桥上经过的人，看到盲人抓着桥栏杆有惊无险、盲目恐慌的情景，既好笑又怜悯地指点他说："用不着害怕，你双脚离地不远，松手就可以着地。"盲人不相信这话。他心里想："不肯拉我一把，却要我松手掉下去，这不是存心坑人吗?"想到这里，他不禁绝望地大哭起来。

不一会儿，盲人力气耗尽，两手一滑，身体坠了下去。出乎盲人想象的是，他还没有来得及感受空中失重、丧魂落魄的投河悲哀，顷刻之间双脚就触到了地。以至于他落地以后身体打了一个踉跄才站稳了脚跟。原来这桥下真如那路人说的一样，一点水都没有。盲人这时才松了一口气。他有点不好意思地笑着说："早知道这桥不高，下面没有水，我就不会吊在栏杆上吃苦头了。"

许多危险都是在懦弱者的意识中产生的，一旦你决定放手一搏，就会发现，前进的道路，远比你原以为的宽阔和平坦。

正直意味着有勇气坚持自己的信念。这一点包括有能力去坚持你认为是正确的东西，在需要的时候义无反顾，并能公开反对你确认是错误的东西。

信念是行动的基础

一旦我们拥有坚定的信念，就必须根据那些信念行事。信念是不会让人失望的，我们常常因拒绝排除困难而出卖了信念。

如果我问你是否相信美国是个充满机会、可以让人尽情发挥才能和毅力的国家，你很可能会大声地回答说“是的”。然而，你有多大的程度确信这一点？如果你失业、破产、没有找到工作的希望，你还会相信这个美好的看法吗？你会对这个信念矢志不渝吗？

有一个对此信念矢志不渝的人，他的名叫里奥纳德·A·崔加，住在密苏里州。1928 年崔加先生从他父亲那里继承了价值 10 万美元的财产。1938 年，他破产了。事情是这样的：

“我父亲既有钱又慷慨，”崔加先生写道，“我上高中时，他让我想用钱就随时开他银行户头的支票。到大学时，我开支票已相当随便了。大学毕业后，我既不知道金钱的价值、也不知道如何自己去赚钱。我只知道开父亲账户的支票。

“这就是父亲去世时，我自己为生活所作的准备。在密苏里河下游靠近密苏里州里辛顿的地方他给我留一些广阔、肥沃的土地，我开始从事农业。后来经济大萧条席卷了整个美国，第一年我陷入了严重的赤字，于是我拿一块土地去抵押贷款清偿债务，重新补充我的存款。接着又发生了不景气，我把那块抵押的土地卖掉，刚好抵消贷款。我的日子就是这样度过的，需要钱时，就再抵押或是卖掉土地。

“终于，报应到了，我了解到自己不再有钱，也不再有任何财产。如果想要活下去，我就得找份工作去上班——我一辈子从没做过事。

我很惶恐不安，睡不着觉。原先的支柱——支票已经没有了，我不知道该到哪里去求助。

“一天晚上，我从噩梦中惊醒，我开始面对现实。‘一帆风顺的日子已经一去不复返了，老兄，’我告诉自己，‘你现在已经是个成人了，因此开始表现得像一个成人吧。做一个成熟的人，上班去吧！”

“我开始思考，不只是思考我的处境，也在思考一些信念。我一向对‘对所有愿意努力向上的人来说，美国是个机会均等的国家’这个看法光说不练。虽然时机不好，工作机会少之又少，但我有一些长处：我有健康的身体，受过大学教育和一些事业上的训练，加上我从失败和错误中得到的经验和知识。我现在需要的只是停止把时间浪费在自怨自艾上，出外采取行动。

“我重新整理生活和思想。我要找到一份工作可不是件容易的事—任何工作都一样。然而当颓丧阻碍我的努力时，我逼迫自己将怀疑、恐惧的想法换成信念。深信美国是一个有决心的人都能占有一席之地的地方。我一直坚守着这个信念不放弃。

“我的信念得到了印证，我真的在堪萨斯城的联合财务公司找到了一份工作。在那里愉快地工作了四年之后，我辞职回到我的初恋情人—农业—身旁。这一次，情况相对好些。慢慢地，我建立起信誉，扩展事业。我从事农场买卖，还兼顾些其他事业。我的努力使我获得了超乎想象的成功。不过，这要感谢我原先的失败，它们给我的一些教训，使我准备好迈向成功。

“我得回了继承的财产，不过这次是靠自己的努力赚回来的。更重要的是，我学到了可以留给两个儿子的伟大的真理，这是比金钱更好的遗产。

“我学会了我们必须应有的信念，但是如果我们无法切实奉行的话，这信念是没有用的。没有实践的信念一无用处。”

崔加先生的故事是个令人鼓舞的成熟过程的例子，一个不负责任、被宠坏的孩子在了解到他不只必须知道信念，而且还必须将那些

信念付诸行动的时候，一夜之间长成大人的例子。在此之前，崔加先生一直像小孩子一样一味地逃避现实，但他对美国的信心使他像男子汉一样面对现实。

《如何过一年三百六十五天》一书的作者约翰·A·辛德勒博士告诉我们：**“成熟是要经过学习才能达到的。”**而且往往都得通过痛苦挣扎才能学习到。

住在加拿大的丽莲·海德莱太太就是这样学到成熟的。海德莱太太是一个开朗、快乐的普通家庭主妇和母亲，有一天，她坐的车子翻入一道深沟里。

起先海德莱太太的脊椎骨被误诊为断了，但是，X光照片却显示出，虽然她的脊椎骨没有断，只是骨刺已经脱离了外面的附着物。医生要她卧床三个星期，而且还必须告诉海德莱太太一个坏消息。

“你必须作好心理准备，”他说，“你的脊椎骨有严重的硬化现象，大约5年之后你就不能动了。”

海德莱太太谈到她的经验：

我当时整个人都被吓呆了。我一向开朗、好动，被教养成要克服一切困难，但是如今这个难题似乎是不可克服的。我的勇气和欢乐随着我躺在床上的时间从3个星期延长到4个星期、5个星期，然后是没完没了直至逐渐丧失。我的内心充满了恐惧，觉得自己越来越软弱。

有一天早上，我神智十分清明地醒过来。5年是很长的一段时间，我告诉自己，我可以在5年当中帮助家人做很多事情。医生的治疗，加上我的决心，或许还能改善自己的情况。我不愿没有经过奋斗就放弃，我要尽可能活动起来。当想到这个信念和决心时，我突然受到了激励，想要立即采取行动。我不再感到软弱和恐惧，我挣扎下床，开始过我的新生活。

我用两个字做我的座右铭，不断地对自己说：“继续，继续，继续！”

那是5年半前一个美妙的早晨。我刚照过X光，脊椎骨看起来至少再过5年都没有问题。医生要我保持乐观的心态，保持对生活的兴趣，继续活动下去。这正是我的信念，我打算只要有一块肌肉能动就继续坚持下去。

海德莱太太的确是另一个因拥有信念、奉行信念而成熟的富有启发性的例子。

当然，信念本身不足以使我们成熟。如果我们只是相信勇敢比懦弱好，却在面临考验时转身逃走，那有什么用呢？除非我们奉行信念，否则那些理论都是毫无意义的。

有时候我们的行为与信念背道而驰。有一个妇女告诉我说一个女店员多找给她5角钱，她乐得合不拢嘴。当我问她有没有向那位店员说明并把钱退还时，她很气恼。

“当然没有！”她很激动地说道，“那是她的错；让她自己掏腰包赔呗。如果她少找钱给我，损失的人就会是我。”

一旦有人严肃地质问她的诚实，这个女人就会受到羞辱，但她似乎把这种因他人失察而捡到小便宜看作是得意之事。尽管她外表看起来具有相当的社会地位，但这种卑劣的行为明白地显示出她基本上是一个不诚实的人。

一旦我们拥有坚定的信念，就必须根据那些信念行事。

我们的信念表现在所做的事情上。耶稣说：“观其果知其因。”是的，重要的是行为。

第四篇

自信与坚定造就成功

自信是坚持自己要求的心理基础与前提。自信，就是既相信自己的要求合理合情合法，又相信对方一定会对自己提出的要求加以考虑。主见，其实是一种相信自己能力和自己选择的自信心理。一个人自己都不相信自己的时候，很容易被别人一句话打倒，害怕做出错误的判断和决定，所以让别人去决定。有时候，你之所以不相信自己的能力，是因为你太相信别人所表现出来的的能力。其实，只要你按自己的想法做了，不一定会比别人差。自信是抵制错误导向和坚守正确决断的必备素质。只有自己不动摇，才能帮助动摇者。

不动摇的信心

积极的信念不是高傲自大和自以为是的自恃，而是在正确的理论指导和实践经验基础上的信念。自信是抵制错误导向和坚守正确决断的必备素质。

只有自己不动摇，才能帮助动摇者。**只有相信自己，才能赢得相信。**

大富翁巴菲特之所以能够取得非凡的成功，在于他对事情独立、理智的思考，他相信自己的判断。他在每次投资之前总要先说服自己。

在财富创造史中，投资家华伦·巴菲特与众不同。他白手起家，在40年内积聚了150亿美元的财富，是全美屈指可数的大富豪。他致富之道并不是在华尔街从事翻云覆雨式的投机活动，而是依靠老式的长期投资。

他之所以能够取得成功，主要在于他坚毅、理性和自律的性格。巴菲特说，投资成功并不需要过人的智商。

巴菲特是证券经纪人之子，从小就生财有道。一名友人说，巴菲特5岁就在奥马哈老家前人行道上摆摊子向路过的人卖口香糖。

后来又从清静的自家门前移到行人较多的朋友家前面，售卖柠檬水。朋友说，他想的不只是赚零花钱，而是要致富。

他在念小学时，就宣布要在35岁之前成为富翁。

他曾在当地高尔夫球场上搜集可以卖二手的高尔夫球；朋友记得和他一起到奥马哈赛马场，在地上找人家无意中随手丢掉的中奖票

根；他在祖父的杂货店批购汽水，夏夜里挨家逐户地推销。

青少年时他送报纸，每天早上送近 500 份，每月收入 175 美元(在当时，许多全职工作的成人也不过赚这么多。然后原封不动地把每个月的薪水存起来。

他经常埋首苦读《赚取 1000 美元方法 1000 种》，这是他最爱的书。

他迷的是股票，正如别的孩子迷飞机模型。他把股价制成图表，观察涨落趋势。

他 11 岁首次买股票，买了 3 股每股 38 美元的“城市服务”优先股，升到 40 美元时脱手，扣除手续费后，净赚 5 美元——这是他在股市的首次收获。

他 14 岁时，用 1200 美元积蓄买了内布拉斯加州 16 万平方米农地，然后把他租给一名佃农。

21 岁时，巴菲特从各项投资中赚了 9800 美元：他日后赚进的每一块钱，几乎都源自这笔资金。

不久，巴菲特在宾夕法尼亚大学华顿学院就读两年，后来又转到内布拉斯加大学，均成绩优异。

他一面攻读商科和金融，一面工作不懈。后来他进入哥伦比亚大学商学研究院，得到著名教授本杰明·葛瑞翰的启迪，对投资之道就此开窍。

葛瑞翰首开风气之先，以规律作为选择股票的依据，不玩投机把戏。

葛瑞翰认为，若仔细研究公司发表的数据，分析它的收益、资产、成长率，就可以发现该公司市场股价之外的实际价值。

诀窍是：在股价低于公司实际价值甚多时买进，并估计股价必会在市场里调整到应有价格。

用巴菲特自己的话是：“别人小心谨慎的时候，你要贪；别人贪的时候，你要谨慎。”

1951 年大学毕业后，巴菲特对《史坦德 · 普尔股市指南》手不释卷，寻找葛瑞翰所谓的“雪茄烟头”股，也就是几乎不用花钱就能买到。

但还有一些赚钱能力的股票。他投效葛瑞翰纽约的投资公司，至 1956 年，个人财产已从 9800 美元增至 14 万美元，是回奥马哈自己创业的时候了。

1956 年，巴菲特和妻子苏西在他祖父的杂货店附近租了一幢房子，召集了 7 名近亲好友为小股东，以 105100 美元创业，成立了巴菲特联合企业公司。

1962 年，他已拥有多家不同的企业，总资产将近 720 万美元，其 100 万美元属于巴菲特夫妇。两年后，他管理的公司总值 2200 万美元，他个人的资产净值近 400 万美元。

巴菲特的研究狂热，使他在投资人中显得卓尔不群。他阅读枯燥的企业书籍，就像小孩看漫画一样起劲。

看报纸的金融版，他每一行都不放过。朋友对他的股市知识心悦诚服，认为没有人比得上他；别人向他请教时，他总是谦和而言简意赅地说，不要一窝蜂跟着别人抢购，要根据事实。别人不会告诉你哪些股稳赚不赔，你一切要靠自己。

巴菲特能独立思考，又能专心致志干事业，使他如虎添翼。在奥马哈，每到黄昏，他会去商店买份刊有股市收盘价格的当地晚报。回到家，又阅读一大沓公司年报。

他曾对朋友说，有些人热衷于研究棒球资料或马经，而他的嗜好则是更多的赚钱。

巴菲特从来不信理财顾问所说的话，他说：“假设手上有 100 万美元，如果尽信内线消息，一年之内就能破产。”考虑哪种股票值得投资时，巴菲特得先说服自己。他很早就体会到相信自己的判断最为重要。

在历史上能够成就大事业的人，永远是那些自信的人，敢于想人

之所不敢想的人，为人之所不敢为的人；永远是那些不怕孤独的人，勇敢而有创造力的人。

这个世界上，普通的人之所以平凡，是因为他们没有发觉到自己沉睡着的“神圣潜能”，并把他唤醒，从而失去了人人是英雄豪杰的自信力，而甘于平凡。

在历史上能够成就大事业的人，永远是那些自信的人，敢于想人之所不敢想的人，为人之所不敢为的人；永远是那些不怕孤独的人，勇敢而有创造力的人。至于那些沉迷于卑微信念、不敢抬头要求优越的人，自然是老死窗下，饮恨殁世。

印度有一个千年流传的故事：

有位富翁膝下只有一个女儿，已到了成婚的年龄。一天，富翁昭告天下，声称要公开选婿，中选者可以得到他所有的财产并可成为他的女婿。

昭告一出，立即引起了轰动，谁不想成为富翁的女婿并继承他的财产呢？很快，就有几百名应征者聚集到富翁别墅的游泳池边。

富翁宣布：“谁先从这边游到对面，谁就有资格成为我的女婿，并继承我的全部财产。”富翁的话刚说完，应征者皆认为这是很简单的事，因而纷纷挤在游泳池边准备跳下。但是，当佣人把游泳池上的帆布打开，池中却有十几条张着大嘴的鳄鱼虎视眈眈地浮沉着。人们都大惊失色！如果跳下去，就是拿自己的性命做赌注，性命一旦没了，还谈什么做别人的女婿，继承财产呢？因此谁也不敢跳下游泳池。

就在这时候，有一位年轻人被站在后面的人推了一下，掉下游泳池，鳄鱼发现“猎物”落水，纷纷向这个年轻人游过去，年轻人为了逃生，拼命往前游，在这种情况下发挥出了自己潜在的能力，结果连鳄鱼也没追上他。

当他爬上游泳池后，急忙找寻刚刚推他下去的人时，旁边有人说：“你还计较谁推你下去干吗？你已成为富翁的女婿，并得到所有

的财产了。”那位年轻人说：“不，我要感谢刚刚推我下水的人，没有他的一推，我还真不知道我的游泳速度这么快，并且能得到财产与幸福，所以我要万分感谢他。”

这个故事告诉我们，其实在我们每个人身上都蕴藏着非常巨大的潜能。但不幸的是，这些潜能我们自己并未深刻意识到。

人的潜在能力是一种对外界刺激反应极其敏锐的东西：一旦唤起之后，需要不断地关注和培育。就像音乐、绘画等艺术的天赋需要关注和培育一样，否则它就会慢慢消失。

有的人在一帆风顺的条件下，慷慨激昂，信心百倍，可一旦遇到逆境便萎靡不振，如霜打秋荷一般。须知：自信是战胜自卑和怯懦的利器，是对事业的最好祝福。

关于信心的威力，并没有什么神奇或神秘而言。信心起作用的过程是这样的：相信“我确实能做到”的态度，产生了能力、技巧与精力这些必备条件，每当你相信“我能做到”时，自然就会想出“如何去做”的方法。

1970 年，年仅 23 岁的伊莎贝拉大学毕业时决定在纽约搞一家代理销售活动房屋的公司。当时很多人都告诉她不应该这样做，说她不可能做得好。

当时她仅有 3000 美元的积蓄。而别人告诉她搞这样一家公司所需的最低资本投资额是她的积蓄的 150 倍。

她的顾问这样忠告她：“你看竞争多么激烈呀！此外，你在销售活动房屋方面又有多少实际经验？更不要说业务管理了。”

但是，这位年轻的姑娘对自己满怀信心。她承认的确缺少资金，竞争非常激烈，而且她也缺乏经验。

她坚持道：“但是，我收集的资料显示，流动房屋这个行业正在扩展，我也彻底研究了我可能遭遇的竞争。我知道我在销售方面可以做得比这里任何人都好。我也预料到会犯一些错误，但我会很快地赶上别人。”

结果，她真的做到了。她赢得了两位投资者的信任，也使她得到了几乎不可能的优惠。一家活动房屋制造商答应，在不需要现金的条件下，供应她一定限量的存货。

在人生的路途中，不可能一帆风顺，失败是难免的，就看你如何去对待。

一句话可以毁掉一个人的信心，甚至破灭他对生存的希望；但一句话也可以鼓励一个人从失落中走出来，或让人从新的角度认识自己，从此改变他的人生。

你需要相信自己

你可以不相信天，不相信地，但是，你不可以不相信自己。天无法改变你，地无法改变你，但是，你自己却可以改变自己。

人活一生，会经历许许多多的事情，有时候你会哭，有时候你会笑；有时候一帆风顺，有时候坎坷曲折。关键的是，当你吉星高照时，你是怎样的做派；当你福祸难卜时，你是怎样的态度。无论是逆境还是顺境，你都应该保持一种良好的心态，学会自己珍爱自己，相信自己。

自信是自身的一种信念，是对自己的一种肯定。这将使他人尊重并信任你，如果你自己都不信任自己，又怎么能指望别人也信任你呢。信心是从经验中获得的。随着不断取得成功，你的自信会增加，你每天都以自信态度开始，在做每一件事前，告诉自己这一次会成功。同时，也不要为自己制定不切实际的目标，否则会增加自己的压力。这样，信心将随着你每一次目标的实现而增长。而随着信心增长，更高目标的设置，你会发现自信意味着什么。

只有依靠自己，相信自己，挖掘自己，发挥自己，你才能主宰自己。

在遇到挫折时，如果你认为自己被打倒了，那么你就真的倒下了。如果你认为自己屹立不倒，那你就会永远屹立着。如果你想赢，但又认为自己没有能力，那你一定不会赢。如果你认为自己会失败，那你就必败无疑。一个女人如果自惭形秽，羞于见人，那她就不会成为一个气质高雅、端庄大方的美人。同样，如果一个男人不觉得聪

明，那就成不了聪明的人。因此，一个人只有拥有自信，他才能成为他希望成为的那种人。在日常生活中强者不一定是胜利者。但是，胜利者却都属于有信心的人。

在一望无垠的茫茫沙漠上，一支探险队在那里负重跋涉。犹如毒舌的阳光猛烈地照在人们身上，漫天的风沙在狂舞着。口渴如焚的探险队员们早已经把身上所带的水喝光了。

这时候，探险队的队长从腰间拿出一个小壶，说："这里还有一壶水。但穿越沙漠前，谁也不许喝。"只有一壶水，那水壶从探险队员们手里依次传递开来，沉甸甸的。一种充满生机的幸福和喜悦在每个濒临绝望的队员脸上弥漫开来。

队员们凭着那壶水带给他们的精神和信心，一步步挣脱了死亡线，最终顽强地穿越了茫茫沙漠。他们喜极而泣的时候，突然想到了那壶给了他们支撑精神和信念的水。

拧开壶盖，流出的，却是满满的一壶沙……

这就是信心产生的威力。它让我们明白了人生的意义和方向。拥有信心，即使处在逆境中也会斗志昂扬。

自信不是自然生成的，而是我们从过去的经验中累积而学会的，它是我们生活中行动的指针，指出我们人生的方向，决定我们人生的品质。

1951年，世界著名游泳选手弗洛伦丝·查威德克成功地只身横渡英吉利海峡，创下了一项非同凡响的纪录。1953年，她决定再次向人类极限发起冲击，创造一个新的纪录——她要从卡德林那岛游向加利福尼亚。

查威德克真的进行了这次游程，当她游近加利福尼亚海岸时，她的嘴唇冻得发紫，全身一阵阵颤抖。她已经在水里泡了16个小时，前面雾气霭霭，看不见海滩，而且也难以辨认伴随她的小艇。她感到自己已经筋疲力尽了，更使她灰心的是在茫茫大海中看不到海岸，她失去了继续向前的信念，她感到再也难以支持下去了，于是向小艇上

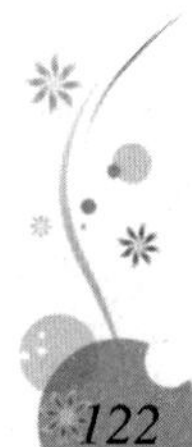

的人请求：“把我抱上来吧，我不行了。”

“只有1英里（1.609千米）了，目标就在眼前，放弃就意味着失败。”

浓雾使查威德克看不到海岸，更遮住了她内心中的强烈信念，她以为别人是在骗她。她再次请求小艇上的人把她拉上来。于是，查威德克被同伴拉上了小艇。此时距海岸还不到1英里的游程。

事后。查威德克认识到，其实，导致她功败垂成的不是大雾而是她内心的疑惑。是她自己让大雾挡住了视线，迷惑了心灵，先是对自己失去了信心，然后才被大雾俘虏了。

两个月后，查威德克再次从卡德林那岛游向加利福尼亚。浓雾还是笼罩在她的周围，海水还是冰冷刺骨，同样还是望不见海岸。但这次她坚持了下来，她知道陆地就在她心中，这次她终于取得了成功。

查威德克在两次自我能力的挑战中，自信使得她战胜了自己内心的害怕和失望。最终她征服了海峡也战胜了自己。自信在人的精神世界里是挑大梁的支柱，没有它，一个人的精神大厦极有可能会坍塌下来。

自信不是自然生成的，而是我们从过去的经验中累积而学会的，它是我们生活中行动的指针，指出我们人生的方向，决定我们人生的品质。

树立坚定的意志

意志坚定的人同样也会遇到困难，碰到障碍和挫折，但即使他失败，也不会一败涂地、一蹶不振。

富兰克林说："有耐心的人，无往而不利。"耐心需要特别的勇气，对理想和目标全然地投入，需要不屈不挠，坚持到底的精神。这里所谓耐心是动态而非静态的，主动而不是被动的，是一种主导命运的积极力量。这种力量在我们的内心源源不尽，但必须严密地控制和引导，以一种几乎是不可思议的执着，投入到既定的目标中，才具有人生价值。

唯有坚韧不拔的决心才能战胜任何困难。一个有决心的人，任何人都会相信他，会对他付以全部的信任；一个有决心的人，到处都会获得别人的帮助。相反，那些做事三心二意、缺乏韧性和毅力的人，没有人愿意信任和支持他，因为大家都知道他做事不可靠，随时都会面临失败。

许多人最终没有成功，不是因为他们能力不够、诚心不足或者没有对成功的热望，而是缺乏足够的耐心。这种人做事时往往虎头蛇尾、有始无终，做起事来也是东拼西凑、草草了事。他们总是对自己目前的行为产生怀疑，永远都在犹豫不决之中。有时候，他们看准了一项事业，但刚做到一半又觉得还是另一个职业更为妥当。他们时而信心百倍，时而又低落沮丧。这种人也许在短时间内能够取得一些成就，但是，从长远的人生来看，最终还是一个失败者。世界上没有一个遇事迟疑不决、优柔寡断的人能够真正成功的。

成功有两个最重要的条件：一是坚定，二是忍耐。通常，人们往往信任那些意志最坚定的人。意志坚定的人同样也会遇到困难，碰到障碍和挫折，但即使他失败，也不会一败涂地、一蹶不振。我们经常听到别人问这样的话："那个人还在奋斗吗？"也就是说"那个人对前途还没有绝望吧？"

如果对公司的前景做了种种惨淡的描述后，仍然不为所动，意志坚决；同时，言谈举止之中能够做到处处谨慎大方，并能显示忠诚可靠、富有勇气的个性，这样的人才是许多大公司所推崇的。没有这些品质，无论才识如何渊博，也无法得到老板的认同。

一位经理在描述自己心目中的理想员工时说："我们所亟须的人才，是意志坚定、工作起来全力以赴、有奋斗进取精神的人。我发现，最能干的大体是那些天资一般、没有受过高深教育的人，他们拥有全力以赴的做事态度和永远进取的工作精神。做事全力以赴的人获得成功概率大约占到九成，剩下一成的成功者靠的是天资过人。"

这种说法代表了大多数管理者的用人标准：除了忠诚以外还应加上韧性。具有韧性的人能够经受挫折，决心固然宝贵，但有时会因力量不足、能力有限而受阻，而唯有借助韧性，方能长驱直入，无人能敌。

永不屈服、百折不回的精神是获得成功的基础。库雷博士说过："许多青年人的失败都可以归咎于恒心的缺乏。"的确，大多数年轻人颇有才学，具备成就事业的种种能力，但他们的致命弱点是缺乏恒心、没有忍耐力，所以，终其一生，只能从事一些平庸的工作。他们往往一遭遇微不足道的困难与阻力，就立刻退缩，裹足不前，这样的人怎么可以担当重任呢？如果你想获得成功，就必须为自己赢得美誉，让周围的人都知道，一件事到了你的手里，就一定会做成。

一旦你树立了意志坚定、富有忍耐力、头脑机智、做事敏捷的良好名声，无论在哪里，你都能找到一个适合你的好职位。与之相反，如果你自己都看不起自己，只知糊里糊涂地生活，一味依赖别人，那

么你迟早会有一天被人踢到一边。

成功者同失败者相比，只有一个重要差别，那就是不畏挫折。了解了这一点，你就不应该自卑和逃避，不应该跪下来仰视那些成功者，他们也曾失败过、沮丧过、自卑过。你与他们一样，一生下来就被赋予同等的机遇、同等的成功权力。

每个人都无法逃避挫折。穷人会遇到挫折，富人也会遇到挫折；不成功时会遇到挫折，有一定成就后也会遇到挫折。挫折就像影子一样伴随我们左右，防不胜防，人的成长总要遇到各式各样的挫折，生存的挫折、情感的挫折、创业的挫折、商务的挫折、意外事故的挫折等不计其数，面对这样的挫折如何应对？是逃避，还是面对，如果你处处逃避，我想你就没有必要在这个世上生存，因为这个世界上存在着无数你不愿意看到的事实。如果你经历了挫折，并且战胜了挫折，那么你得到的不仅是战胜挫折本身，而且还学到了战胜挫折的本领，如此发展，挫折也会离你而去。

成功者同失败者相比，只有一个重要差别，那就是不畏挫折。了解了这一点，你就不应该自卑和逃避，不应该跪下来仰视那些成功者，他们也曾失败过、沮丧过、自卑过。你与他们一样，一生下来就被赋予同等的机遇、同等的成功权力。

美国人希拉斯·菲尔德先生退休的时候已经积攒了一大笔钱，足够过上富裕的日子。然而这时他又忽发奇想，想在大西洋的海底铺设一条连接欧洲和美国的电缆。随后，他就全身心地开始推动这项事业。

菲尔德先生首先做了一些前期基础性的工作，包括建造一条1000英里（1609.3千米）长，从纽约到纽芬兰圣约翰的电报线路。纽芬兰400英里（643.7千米）长的电报线路要从人迹罕至的森林穿过，所以，要完成这项工作不仅包括建一条电报线路，还包括建同样长的一条公路。此外，还包括穿越布雷顿全岛共440英里（708千米）长的线路。再加上铺设跨越圣劳伦斯海峡的电缆，整个工程十分浩大。

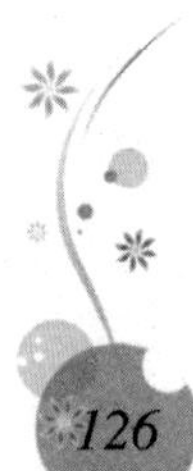

菲尔德使尽全身解数，总算从英国得到了资助。随后，菲尔德的铺设工作就开始了。电缆一头搁在停泊于塞巴斯托波尔港的英国旗舰“阿伽门农”号上，另一头放在美国海军新造的豪华护卫舰“尼亚加拉”号上。不过，就在电缆铺设到五英里的时候，它突然卷到了机器里面，被弄断了。

菲尔德心有不甘，他进行了第二次试验。试验中，在铺好 200 英里（322 千米）长的时候。电流中断了，船上的人们在甲板上焦急地踱来踱去好像死神就要降临一样。就在菲尔德先生即将命令割断、放弃这次试验时，电流又神奇地出现，一如它神奇地消失一样。夜间，船以每小时四英里的速度缓缓航行，电缆的铺设也以每小时四英里的速度进行。这时，轮船突然发生了一次严重倾斜，制动闸紧急制动，不巧又割断了电缆。

但菲尔德并不是一个在挫折面前低头的人。他又购买了七百英里的电缆。而且还聘请了一个专家，请他设计一台更好的机器。后来，在英美两国的机械师联手下才把机器赶制出来。最终，两艘军舰在大西洋上会合了，电缆也接上了头；随后，两艘船继续航行，一艘驶向爱尔兰，另一艘驶向纽芬兰，在此期间，又发生了许多次电缆割断和电流中断的情况，两艘船最后不得不返回爱尔兰海岸。

在不断的挫折面前，参与此事的很多人都灰心丧气了，公众舆论也对此流露出怀疑的态度。投资者也对这一项目没有了信心，不愿再投资。这时候，又是菲尔德先生。又是他百折不挠的精神和他天才的说服力，使这一项目得以继续。菲尔德为此日夜操劳，甚至到了废寝忘食的地步。他绝不甘心失败。

于是，尝试又开始了，这次总算一切顺利，全部电缆成功地铺设完毕而没有任何中断，几条消息也通过这条漫长的海底电缆发送了出去，一切似乎就要大功告成了，但就在举杯庆贺时，突然电流又中断了。这时候，除了菲尔德和一两个朋友外，几乎没有人不感到绝望的。但菲尔德始终抱有信心，正是由于这种毫不动摇的信心，使他们

最终又找到了投资人，开始了新的一次尝试。这次终于取得了成功，正是菲尔德，这种不畏挫折的精神，不断地战胜挫折，并最终创造了一项辉煌的历史。

日常生活中，我们常会看到这样一些人，尽管面对似乎不可能战胜的挫折，却都能努力设法不停地前进。这些人在前进过程中，技术日渐提高，力量不断壮大，能力不断上升，最终取得突破，而另一些却在诸如雪崩似的一系列变化面前倒了下去。

挫折不会产生不可逾越的障碍，每一个困难都是一次挑战。每次挑战都是一次机遇，战胜困难就等于抓住了机遇。

只有自信，别人才相信你

怀抱自信，你才能秀出最美的自己，只有自信，别人才相信你。挖掘潜在优势，切掉自卑根源：平视眼前的自己，仰望将来的自己，都是不可忽视的细节。善于模仿是捷径，简单模仿误前程。**相信自己，贫穷不是堕落的借口同时，也要保持谦虚的心，虚心的人十有九成，自大的人十有九空。**最后，选对职业做对事。

（波士顿有支棒球队，一直只拥有极少部分的观众，他们的表现也很差后来他们到了密尔瓦基，这里的市民对这支新球队的热情十分高涨，非常关心这个队，并相信这个队一定可以取胜。市民们的热情、乐观与信赖给了这支棒球队极大的鼓舞，虽然是原班人马，但是次年就几乎跃登联赛的首位。）

同样一支球队，为什么前后会有如此巨大的变化呢？因为观众的支持和鼓舞，让球队里每个成员都充满自信，他们因此而发挥了从未有过的水平。弗烈德里克·罗伯森曾说："相信就是强大。怀疑只会抑制能力，而信仰却是力量。"自信的魅力，由此可见一斑。成就事业需要自信，实现梦想需要自信，战胜挫折更需要自信。怀抱自信，我们就能秀出最美的自己。

自信是什么？自信就是发自内心的自我肯定与相信，是对自身力量的一种确信，深信自己一定能做成某件事，实现所追求的目标。

自信是成功的必要条件，是人们通向事业成功的阶梯和不断前进的动力。在许多伟人身上，我们都可以看到超凡的自信心。正是在这种自信心的驱动下，他们不断以更高的要求来激励自己，在逆境中看

到希望，在失败的阴影中看到成功的光芒，鼓励自己不断坚持、不断努力，从而获得最终的成功。

纽约的一个商人看到一个衣衫褴褛的尺子推销员，顿生一股怜悯之情。他把1美元丢进卖尺子的人的盒子里，准备走开，但他想了一下，又停下来，从盒子里取了一把尺子，并笑着对卖尺子的人说："你跟我都是商人，只不过经营的商品不同，你卖的是尺子。"

几个月后，在一个社交场合，一位穿着整齐的推销员迎上这位纽约商人，自我介绍说："你可能已经记不得我了，但我永远忘不了你，是你重新给了我自尊和自信。我一直觉得自己和乞丐没什么两样，直到那天你买了我的尺子，并告诉我'你是一个商人。'"

推销员一直把自己当作乞丐，不就是因为缺乏自信吗？但是从对方的一句话中，他找到了自信，并开始了全新的生活。缺乏自信常常是性格软弱和事业不能成功的主要原因。自信是做任何事情都必备的要素，因为这是你对自己的合理评价，是正确地自我定位。**信心的力量是惊人的，只要你相信自己，那么一切困难都将不再是困难。**

自信是一种积极的品质，是促使人向上奋进的内部动力，是一个人取得成功所必备的心理素质。正如法国启蒙思想家卢梭所说："自信力对于事业简直是一个奇迹。有了它，你的才干就可以取之不尽，用之不竭；一个没有自信的人，无论他有多大的才能，也不会抓住一个机会。"正是这种自信的精神，让伟人们在逆境中从不屈服，在困难面前从不低头，在挫折面前从不服输，从而获得成功。而罗马伟大的演说家西塞罗在面对贵族"你不过只是一个平民"的嘲讽时，自信地说："不错，我只是一个平民，但我的贵族家世将因我而开始，而你的贵族家世将因你而结束。"

著名发明家爱迪生曾说："自信是成功的第一秘诀。"只有自信，你才能发挥出自身的潜能，活得更精彩。励志大师拿破仑·希尔就曾经列举过"使我们拥有自信的六大诀窍"。现在就让我们一起来看一看，相信你可以从中找出对自己有用的信息。

1．在心中描绘一幅成功蓝图，然后不断强化这种印象，使它不至于随着岁月流逝而变得模糊，这就像我们之前所讲的“在挫折中想象将来的成功”。

2．当你心中出现怀疑自身力量的消极想法时，要驱逐这种想法，必须设法发掘积极的想法。

3．所有可能形成障碍的事物，你最好不予理会，忽略它的存在。

4．不要受到他人威信的影响而试图仿效他人。唯有你才是独一无二的自己，任何人都不可能成为你自己。

5．每天重复说十次这句强而有力的话：“谁也无法抵挡我成功。”

6．正确评估自己的实力，然后多加一成，作为本身能力的弹性范围。适度地提高自尊心是相当重要的事。

李白曾说：“天生我材必有用，千金散尽还复来。”美国思想家爱默生曾说：“相信‘有志者事竟成’的人终将赢得胜利。”苏联著名文学家高尔基说：“只有满怀自信的人，才能在任何地方都怀有自信，沉浸在生活中，并实现自己的意志。”自信是成功的基石，我们只有站在自信的起点上，才能一步一个台阶地迈向成功的顶峰。

自信会创造出一个人自己都无法想象的奇迹。你必须明白：你拥有一切，不比别人缺少什么。如果你曾经懦弱或者退缩过，就应该把丢失的自信找回来。

有了自信才能产生勇气

自信有着不可估量的作用，只要你拥有自信心，就可以获得竞争中的优势。想要成功，你要敢于推销自己，敢于和无数的对手进行竞争。美国MBA教材作者博维曾说：“我们绝大多数的失败都是因为缺乏自信的缘故。”很多人正是由于缺乏自信，不敢为自己争取任何利益，使得很好的机会都被白白地浪费掉了。最终，他们与成功失之交臂。

英国著名思想家马修·阿诺德曾说：“除非你自己有信心，否则不能带给别人信心；信服自己的人，方能使人信服。”没错，连自己都不相信的人，还有谁敢相信你呢？自信是一个人成就事业必不可少的素质。大凡有所成就的人，都是对自己充满信心的人。

碧姬·芭铎是美国著名的环保演说家。有一次，别人问她：“你不担心你的言论无人问津吗?”

“不，绝对不会！我甚至能预想到我演讲时那爆满的场面。”

对一个演说家而言，如果你都不自信，又怎么可能打动听众？正是因为这份过人的自信，碧姬·芭铎的每一次演说都赢得了成千上万人的支持和响应。

一位父亲带着小女儿爬山，看着高耸入云的山脉，他试探地问女儿：“爬山太累，你还小，咱们坐索道上去好不好?”小女孩立即回答：“不要，我要亲自爬上去，我一定可以的。”

一番艰苦攀登之后，父女两人终于站在了山巅。小女孩神气地说：“我说一定可以吧！爸爸，我做到了。”

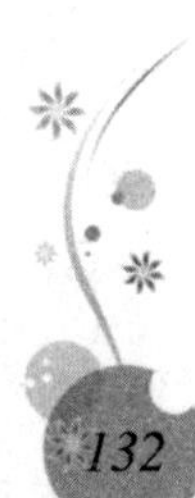

面对挑战时，坚定地相信自己能行，这样别人才肯相信你。

一个人拉着一辆车爬山，走到一个令人望而生畏的陡坡时，他想，靠自己一个人的力量，一定拉不上去。正在忧虑的时候，一位过路人热心地说：“我来帮你吧。”说完就开始挽袖子，一副准备用力推车的架势。这个人很高兴，心想，有人帮忙就肯定没问题了。于是，在过路人的“加油”声中，车子顺利上了陡坡。拉车人满怀感激地向过路人表示感谢，那位热心人却说：“嗨，哪里是我帮忙呢，是你自己拉上去的。我这两天扭了腰，根本没法用劲，我就是帮你喊喊‘加油’而已。”

虽然满怀自信不一定就能真的成功，但没有自信，绝对很难成功。每个青年都有自己的理想和追求，而要实现这些理想和追求，就必须拥有强烈的自信，只有相信自己，才能让你的心灵更加充实，工作更加优秀，事业更加精彩。唯有自信者，方能有所作为。

法国名作家罗曼·罗兰曾说：“先相信自己，然后别人才会相信你。”大秦帝国的宰相吕不韦说：“欲信人。必先自信。”

有了自信，才能产生勇气、力量和毅力。具备了这些，困难才有可能被战胜，目标才可能达到。没有人会相信一个缺乏自信的人。你要相信自己，才能让别人相信你。

索菲亚·罗兰是令世人瞩目的意大利超级影星，这一切与她对自身价值的肯定以及她的自信心是分不开的。因为对电影事业的热爱，16 岁的罗兰来到了罗马，想在这里涉足电影界。没想到，第一次试镜就失败了。所有的摄影师都说她够不上美人标准，都抱怨她的鼻子和臀部。没办法，导演卡洛·庞蒂只好把她叫到办公室，建议她把臀部削减一点儿，把鼻子缩短一点儿。一般情况下，演员都对导演言听计从。可是，小小年纪的罗兰却非常有勇气和主见，她拒绝了对方的要求。她说：“我当然懂得，我的外形跟已经成名的那些女演员颇有不同，她们都相貌出众，五官端正，而我却不是这样。我的脸毛病太多，但这些毛病加在一起反而会更有魅力呢！如果我的鼻子上有一个

肿块，我会毫不犹豫地把它除掉。但是，说我的鼻子太长，那是没有道理的，因为我知道，鼻子是脸的主要部分，它使脸具有特点。我喜欢我的鼻子和脸本来的样子。说实在的，我的脸确实与众不同，但是我为什么要长得跟别人一样呢？”

“我要保持我的本色，我什么也不愿改变。”罗兰坚决而自信地说，“我愿意保持我的本来面目。”

正是由于罗兰的坚持，导演卡洛·庞蒂重新审视并且开始欣赏她。

自信的人能化腐朽为神奇，化平淡为伟大。正是由于罗兰没有对摄影师们的话言听计从，没有为迎合别人而放弃自己的个性，没有因为别人的否定而丧失信心，所以她才得以在电影中充分展示出自己与众不同的美，她的独特外貌和热情、开朗、奔放的气质开始得到人们的承认。后来，她主演的电影获得巨大成功，并因此荣获奥斯卡最佳女演员奖。

自信的人容易让人受到鼓舞，看到希望，所以人们大都相信那些自信的人。你只有先相信自己，别人才会相信你。在事业的征途中，我们都应该做一个自信的人。

拉劳士福古说：“我们对自己抱有的信心，将是别人对我们萌生信心的绿芽。”因为自信的人具有力量，他们都相信自己存在的价值，能充分认识自己的长处，并保持奋发向上的劲头。无论身处顺境还是逆境，他们始终保持一颗自强不息、积极向上的心。

任何时候都不要失去信心

人生最大的破产就是失掉自信。当一个人没有自信心时，任何事情都不会成功，正如没有脊椎骨的人是永远站不起来的。

成功是每个人都梦寐以求的，但是真正取得成功的却是少数人。于是有人抱怨自己生不逢时，有人哀叹自己运气不佳，也有人觉得自己生来就不如别人，于是随波逐流，甘于过平庸的生活。

成功需要具备什么样的素质呢？一个人之所以会成功，是因为他的思想与众不同。成功是一种结果，并不是真正的原因，真正的原因是他的想法。要让想法产生结果，就要通过具体行动。成功与失败最重要的差异，就在于行动的方式。要改变行动的方式就要改变思维的模式。每当我们决定要做一件事时，是凭借自己的观念在做决定。

一个人的行为跟他的观念有绝对的关系。假如你觉得身体很重要，你会设立一些健康的目标，会开始做一些有益健康的事情；假如你觉得财富很重要，你会想办法赚更多的钱，去积极地行动让自己致富；假如你觉得朋友最重要，在你面临抉择时，通常你会选择朋友而舍弃其他。所以要真正改变一个人的行动，就必须改变他的价值观，改变他的信念。

我们深受一些消极观念的影响，如“我不够好”“我不太聪明”“我运气不好”“别人都不喜欢我”“这辈子我完了”等等。许多痛苦、恐惧、煎熬都是受了这些自我设限的消极观念的残害。试想一个人如果认为自己很笨，面对难题，他会以“反正我学不会”为借口而搪塞过去。他不会觉得自己该对“学不会”负责，因为他认为“学

不会”的原因不是个人不努力的结果，而是他无法控制的遗传因素。

相反如果一个人自认聪明能干，他是不会容忍逃避困难的。因为这样会损害了他的自我形象，是对自我的否定。在生存竞争中最后赢得胜利的人，一举一动中总是充满了必胜的信念，他的非凡气度一定会使人自然对他产生特殊的尊敬。人人都可以看到他生机勃勃、精力充沛的样子。而那些被击倒在地，陷入困境的人，却总是一副死气沉沉的样子；他们看起来缺乏自信与决断力：无论是行动举止、谈吐态度，他们都容易给人一种懦弱无能的印象。

试看世界上一切事业的失败，大多数并不是由于智商、资历、经济等等的原因，而是因为缺乏自信。

处于信心庇护下的人能从束缚、妨碍、担忧和焦虑中解放出来。他有行动的自由，他的能力也能得以自由发挥，而这两种自由对取得巨大的成就是必不可少的。

第五篇

做现实的梦想者

不管梦想是什么，只有带着淡然的态度，做好当前的事情，才能如愿以偿。只有到了未来，才知道今天做的事情有什么意义。无论你选择做什么，那都是你理想的未来。能抓住机遇的人，大都是不假思索就作出选择的人。不能实现梦想的人，都是想要一样东西，却不愿意为之付出足够的努力。梦想实现的一个重要条件，就是愿意为把梦想变成现实付出必要的努力。积极实践能够让我们的梦想成型，让我们的希望变成有形资产，让我们的思想变得有价值，把我们的积极性转化成行动。

敢于梦想，敢于希望

要相信自身蛰伏着巨大的潜能！心理学家越来越认同白日梦的价值。研究表明，拥有最高智商的人，倾向于在梦想方面花费大量的时间，他们想象事情可以成为什么样子。世界上真正伟大的发明和历史的发展都起始于善于梦想者的头脑。

但是要记住，一个梦，在你努力实现它之前，仅仅是一个梦。著名作家拉尔夫·瓦尔多·爱默生是历史上最伟大的空想家之一。事实上，很多人认为他是人类史上最伟大的“神秘主义者”。而他曾经对一位积极向上的艺术家说：“在艺术方面没有成功的捷径，你只能脱下外衣，研磨好水彩，像一个开掘铁路隧道的挖掘者一样整天坚持工作。”当我是一个孩子的时候，我妈妈经常告诉我：“不管事情怎样，它都取决于我。”

梦想实现的一个重要条件，就是愿意为把梦想变成现实付出必要的努力。

积极实践能够让我们的梦想成型，让我们的希望变成有形资产，让我们的思想变得有价值，把我们的积极性转化成行动。

任何决定只有执行时才具有价值。基于这一点，大多数目标最终都会破产。问多数人到 1 月 1 日他们新年所做的决定坚持下来多少，他们会承认，他们甚至不能记起这些具体的决定是什么了。你不可能花“将来某个时候挣的钱”，你不可能享受到“你想要读的书”的乐趣。你也不可能永远生活在你曾经有过的美好的回忆中。

当然，把握新机会和利用新情况，灵活掌握，适时变通一下你的

目标也是很重要的。曾有这样一个年轻人，他下定决心在奥林匹克奥运会上夺得一枚金牌。几年里，每天早晨上学之前，他都要跑上 10 英里（16 千米）的路程，他读过各种有关长跑的资料，同时找了最好的教练来指导他训练。他已经做好了成为一个奥林匹克长跑运动员的充分准备。可惜就在这时，他的大腿在一场车祸中严重摔伤了，伤痛使他失去了长跑的机会，他成了永远的残疾人。他深知自己再也不能跑步了。他很伤心。但是，他却是一个不同寻常的年轻人。经过几天失去腿的伤感，他下决心为其他运动员做一名教练。现在，他正在训练 3 个男孩和 2 个女孩。当然，他还是对自己没能达到自己的目标感到遗憾。但是，他学到了“转换目标”的奥秘。换句话说，“如果生活给了你几只柠檬，那么你就为自己榨出一大杯柠檬汁。”

专家指出，那些集中精力朝着目标努力的人，与那些一生漫无目的四处徘徊的人比起来，不仅更易于能实现他们生活中各种有价值的目标，而且在面对突发的新情况时，更能轻松、灵活地调整自己的目标。他们比那些漫无目标的人过得轻松得多。**“你对目标的态度，而不是你的智能，决定你成就的高度。”是一句简明的、经常被提及的谚语。**在你努力实现你的目标的过程中，没有什么能比你对目标表现的态度更重要的了。

美国内战结束后，法国记者马维尔去采访林肯。马维尔问：“据我所知，上两届总统都想过废除黑奴制度，《解放黑奴宣言》也早在他们那个时期就已起草了，可是他们都没拿起笔签署它。请问总统先生，他们是不是想把这一伟业留下来，给您去成就英名？”

林肯说：“可能有这个意思吧。不过，如果他们知道拿起笔需要的仅是一点勇气，我想他们一定非常懊丧。”

马维尔还没来得及问下去，林肯的马车就出发了，他一直都没弄明白林肯这句话的含义。

林肯去世 50 年后，马维尔才在林肯致朋友的一封信中找到答案。林肯在信中谈到幼年时的一段经历：

“我父亲在西雅图有一处农场，上面有许多石头。正因为此，父亲才得以以较低的价格买下。有一天，母亲建议把上面的石头搬走。父亲说，如果可以搬，主人就不会卖给我们了，它们是一座座小山头，都与大山连着。

有一年，父亲去城里买马，母亲带我们在农场里劳动。母亲说，让我们把这些碍事的东西搬走好吗？于是，我们开始挖那一块块石头。不长时间，就把它们给弄走了，因为它们并不是父亲想象的山头，而是一块块孤零零的石块，只要往下挖一英尺，就可以把它们晃动。”

林肯在信的末尾说，有些事情一些人之所以不去做，只是因为他们认为不可能。其实，有许多不可能，只存在于人的想象之中。

读到这封信的时候，马维尔已是76岁的老人，就是在这一年，他正式下决心学汉语。据说3年后的1917年，他在广州旅行采访，是以流利的汉语与孙中山对话的。

成功其实并没有想象得那么难，它有时需要的仅仅是你的勇气，这正是一般人所缺乏的！

志向要远些，目标要近些，与其躺在原地做梦，不如逐步靠近梦想；选择要远些，行动要近些，锲而不舍终有成，好高骛远皆是空；投资要远些，投入要近些，不要贪多求大，最后壮志难酬。

梦想使人生富有价值

梦想是把人类从卑贱中释放出来，把人类从平庸中提升出来的一种动力。现在的一切，只是过去各时代的梦想的总和，是过去各时代的梦想实现的结果。没有梦想者，没有寻梦人，美国也许至今仍是一片未开垦的土地。世界上最有价值、最有用处的人，就是那些“能够远远看见将来，预先瞻望到未来人类必能从今日所有的种种束缚、桎梏、迷信中释放出来，能够预见到事情的当然，同时也有能力去实现它的人。梦想者永远是那些能够成就“似乎绝对不能成就”事业的人。

现实生活中，在各界取得巨大成功的人总是那些梦想者。如工业巨子，商业领袖等大都是想象力很丰富的人。他们对工业、商业上的发展的可能性，均有先见之明。

常常将自己从一切烦恼痛苦的环境中挣脱出来，沉浸于和谐、美、真的空气中，这种能力真是无价之宝，假使我们梦想的能力被夺去，恐怕我们中间再没有人能有勇气、有耐心继续战斗下去了。

约翰·华纳马克原本是费城一家零售店的店员，他也是一个很好的例子。他很早就下定决心，有朝一日要自己开店。他把这个想法告诉老板，老板笑他说：“天啊！约翰，你的钱还不够买一套西装哪！”

“没错，”华纳马克说，“我还是要开一家和你一样，甚至更大的店。我一定会做到。”在华纳马克事业最顶峰时，他拥有全国规模最大的零售店。“我没有读过什么书，”几年以后，华纳马克说，“但是我不断地充实必需的知识，就像火车头一样，一边走一边加水。”

记住，一个人只要敢于大胆梦想，并对自己的信念坚定不移，就没有做不到的事情。

善于梦想的力量是人类神圣的遗传。只要你相信你的事业定会成功，一个美好的明天定会到来，那么，创业的艰辛和今天的痛苦对你来说就不算什么。但是应该注意，有了梦想同时还须努力实现。只有梦想而不去努力，徒有愿望而不能拿出力量来实现愿望，那是不能成事的。只有实际的梦想，加上坚韧的工作，才有用处，才能开花结果。信念在人的精神世界里是挑大梁的支柱，没有它，一个人的精神大厦就极有可能会坍塌下来。

纵观在事业上有成就的人，在其起步时都是信誓旦旦。巴甫洛夫曾宣称："如果我坚持什么，就是用炮也不能打倒我。"高尔基指出："只有满怀信念的人，才能在任何地方都把信念沉浸在生活中，并实现自己的意志。"

最近，美国社会学家做了一项深入的研究，在这项研究中，调查了从《美国名人录》中随机选出的1500名有突出成就的人的态度和特性。《名人录》收录的主要标准和条件不是财富，也不是社会地位，而是目前在某一领域中的成就。他们的研究结果表明，最成功的人都表现出许多相同的特性，自信心就是其中五项影响成功最重要的因素之一。

最富有成就的人就是依靠他们自己的自信、智慧和能力取得成功。对于这点，被调查者的77%给他们自己的评价是A级。2/3的被调查者认为他们有明确的生活和工作目标。在被采访的人当中，有一半人认为自己的意志力可得A级。意志力包括创立新项目的能力和创立后保持一个项目成功实现的能力。

一位在美国西北社区创建了最大的会计师事务所的注册会计师说："我成功的原因不仅在于我所从事的工作给我带来的骄傲，它还在于为达到既定目标所必需的不懈努力的勇气和精力。"

信念好比航标灯射出的明亮的光芒，在朦胧浩渺的人生海洋中，

牵引着人们走向辉煌。高高举起信念之旗的人，对一切艰难困苦都无所畏惧。相反，信念之旗倒下了，人的精神也就垮了下来，而从来就不曾拥有过信念的人对一切都会畏首畏尾，在漫长的人生旅途中抬不起头，挺不起胸，迈不开步，整天浑浑噩噩，迷迷糊糊，看不到光明，因而也感受不到人生的幸福和快乐。

信念来自精神上对成功的追求，又对成功起极大的推动作用，主要表现在：

1．信念可以排除恐惧、不安等消极因素的干扰，使人在积极肯定的心理支配下，产生力量，这种力量能推动我们去思考、去创造、去行动，从而完成我们的使命，实现我们的心愿。

2．面对充满诱惑和多变的世界，面对许多不确定因素，有信念的人，能坚守自己的理想和目标而不动摇，从而按自己的心愿，以自己的方式走向成功和卓越。

3．信念生信心。信心可以感染别人，一方面激发别人对你的信心，另一方面使更多的人感染到信心。这样容易赢得他人的好感，具有良好的人缘。而人缘好，机会就多，这样成功就会变得更加容易。

成功学大师拿破仑·希尔说：“有方向感的信念，令我们每一个意念都充满力量。”美国前总统里根说：“创业者若抱着无比的信念，就可以缔造一个美好的未来。”所以，要想让人生过得好，须将信念之旗举得高高的。

自信心不在于你的感觉怎样，也不在于你是如何优秀的人，而在于你是否能采取明确的行动来使生活中的问题得到解决的才智。它包括独立的意志力和制定目标的能力。

放飞梦想

在人类历史中，假若把梦想者的事迹删除，谁还愿意去读那些枯燥乏味的历史呢？梦想者是人类的先锋，是我们前进的引路人。

你是一个梦想者吗？

使人类的生活更有意义，把很多人从困境中解脱出来的，都应归功于一些梦想者。——我们都得感谢人类的梦想者啊！

在人类历史中，假如把梦想者的事迹删去，谁还会去读那些枯燥无味的历史呢？梦想者是人类的先锋，是我们前进的引路人。他们毕生劳碌，不辞艰辛，弯着腰，流着汗，替人类开辟出平坦的大道来。如今的一切，不过是过去各个时代梦想的总和，不过是过去各个时代梦想的现实化。

假如没有梦想者到美洲西部去开辟领地，那么美国人至今还徘徊在大西洋的沿岸。

对于世界最有贡献、最有价值的人，必定是那些目光远大，具有先见之明的梦想者。

他们能运用智力和知识，来为人类造福，把那些目光短浅，深受束缚和陷于迷信的人拯救出来。有先见之明的梦想者，还能把常人看来做不到的事情逐个变为现实。

有人说，想象力这东西，对于艺术家、音乐家和诗人大有用处，但在实际生活中，它的位置并没有那样的显赫。但事实告诉我们：凡是人类各界的领袖都做过梦想者。

无论工业界的巨头、商业的领袖，都是具有伟大的梦想、并持以坚定的信心、付以努力奋斗的人。

马可尼发明无线电，是惊人梦想的实现。这个惊人梦想的实现，使得航行在惊涛骇浪中的船只只要遭受到灾祸，便可利用无线电，发出求救信号，因此拯救千万生灵。

电报在没有被发明之前，也被认为是人类的梦想，但莫尔斯竟使这梦想得以实现了。电报一旦发明，世界各地消息的传递，从此变得是多么的便利。

斯蒂芬孙以前是一个贫穷的矿工，但他制造火车机车的梦想也成了现实，使人类的交通工具大为改观，人类的运输能力也得以空前地提高。

2007 年，勇敢的罗杰斯先生驾着飞机，实现了飞越欧洲大陆的梦想。

横跨大西洋的无线电报是费尔特梦想的实现，这使得美欧大陆能够密切联络。

这许多功成名就者能够拥有惊人的梦想，部分应归功于英国大文豪莎士比亚，是他教人们从腐朽中发现神奇，从平常中找到非常之事。

人类所具有的种种力量中，最神奇的莫过于有梦想的能力。假如我们相信明天更美好，就不必计较今天所受的痛苦。有伟大梦想的人，就是阻以铜墙铁壁，也不能挡住他前进的脚步。

一个人假如有能力从烦恼、痛苦、困难的环境，转移到愉快、舒适、甜蜜的境地，那么这种能力，就是真正的无价之宝。如果我们在生命中失去了梦想的能力，那么谁还能以坚定的信念、充分的希望、十足的勇敢，去继续奋斗呢？

美国人尤其喜欢梦想。不论多么苦难不幸、穷困潦倒，他们都不屈从命运，始终相信好的日子就在后面。不少商店里的学徒，都幻想

着自己开店铺；工作中的女工，幻想着建一个美好的家庭；出身卑微的人，幻想着掌握大权。

人只有具有了这些幻梦，才可能有远大的希望，才会激发人们内在的智能，增强人们的努力，以求得光明的前途。

仅有梦想还是不够的，有了梦想，同时还需要实现梦想的坚强毅力和决心。

如果徒有梦想，而不能拿出力量来实现愿望，这也是不足取的。只有那实际的梦想——梦想的同时辅之以艰苦的劳作、不断地努力，那梦想才有巨大的价值。

像别的能力一样，梦想的能力也可以被滥用或误用。假如一个人整天除了梦想以外不做别的事情，他们把全部的生命力，花费在建造那无法实现的空中楼阁，那就会祸害无穷。

那些梦想不仅劳人心思，而且耗费了那些不切实际梦想者固有的天赋与才能。

要把梦想变成事实，需靠我们自己的努力。有了梦想以后，只有付以不懈的努力，才可使梦想实现。

在所有的梦想中，造福人类的梦想最有价值。约翰·哈佛用几百元钱创办了哈佛学院，就是后来世界闻名的哈佛大学，这是一个最好的例子。

人不光要有梦想，还要信仰梦想，更要激励自己去实现梦想。人人具有向上的志向，志向就会像一枚指南针，引导人们走上光明之路。良好的幻梦，就是未来人生道路美满成功的预示。

人们心中的希望，与理想梦幻相比，经常更有价值。希望经常是将来真实的预言，更是人们做事的指导，希望可以衡量人们目标的高低，效能的多寡。

有许多人容许自己的希望慢慢地淡漠下去，这是由于他们不懂得，坚持着自己的希望就能增加自己的力量，就能实现自己的梦想。

希望具有鼓舞人心的创造性力量，她鼓励人们去尽力完成自己所要从事的事业。希望是才能的增补剂，能增加人们的才干，使一切幻梦化为现实。

大自然是个公平的交易员，只要你付出相当的代价，你需要什么，她就会支付给你什么。

人的思想就像树根一样，遍布在四方，这许多思想的根产生活力，就能带来希望。

假如没有南方，那么候鸟就不会在冬天飞去南方，由于正是南方给了候鸟希望。造物主给人们以希望，希望他们实现更伟大、更完美的生命；希望他们的人格获得充分地发展；希望他们获得永生。所以，只需努力去干，都有实现愿望的可能。

希望也有合理与不合理之分。所谓合理的希望，并不是那些荒诞不经、超越情理的妄想。对人来说，最珍贵的希望，就是有完善的人格，希望在很长的时间内把才能卓越地发挥出来。

从一个人的希望能够看出他在增加还是减少自己的才能。知道一个人的理想，就能知道那个人的品格、那个人的全部生命，由于理想是足以支配一个人的全部生命的。

在树立希望以后，人的思想和感情便会变得坚定不移。因此，每个人都应有高尚的目标和积极的思想，更需下定决心，绝不允许卑鄙肮脏的东西存在自己的思想里、行动里，无论做什么事，都要向着高尚的目标。

积极进取的思想，足以改进人的希望，使人尽量地发挥他的才干，达到最高的境界。积极进取的思想，能够战胜低劣的才能，可以战胜阻碍成功的仇敌。

即使看似不可能的事情，只要抱定希望，努力去做，持之以恒，终有成功的一天。希望是事实之母，无论是希望有健康的身体、高尚的品格，还是有巨型的企业，只要方法得当，尽力去做，便有实现的

可能。

一个人有希望，再加上坚韧不拔的决心，就能产生创造的能力；一个人有希望，再加上持之以恒的努力，就能达到希望的目的。有了希望，假如没有决心和努力地配合，对希望漠然视之，那么即使再宏大美好的希望也会烟消云散，化为泡影。

人的希望对于造就人生的大厦，工程师的脑海里早有精密的设计；同样，全部事业在没有进行之前，自然要有确定的希望。

为了实现希望而制定的计划，假如不加以切实的努力，那么一切计划都会成为泡影；正如工程师的蓝图打好以后，不兴土木，再好的蓝图也等于废纸一样。

假如你愿意求得生命中某方面的改进，你就应当很热烈地、很坚毅地渴望着那些理想，把这些理想保留在你的心中，何时也不要放松，直到实现为止。

一颗充满希望的心灵，具有极大的创造力，这种创造力会发展人的才能，实现人的理想。

时常存在着良好的期待，期待着未来前程充满光明与希望；期待着未来我们的美好梦境终能实现，从这中间，能够生出巨大的力量来。

对于我们的生命，最有价值的莫过于在心中怀着一种乐观的期待态度。所谓乐观的期待，就是希冀获得最好、最高、最快乐的事物。

假如对于我们自己的前程，有着良好的期待，这就足以激发我们最大的努力。期待安家立业、安享尊荣；期待在社会上获得重要的地位，出人头地。这种种期待都能督促我们去努力奋斗。

世界上有许多人认为，世上一切舒适繁华的东西、精美的房屋、华丽的衣服以及旅行娱乐等等，不是为他们预备的，而是为其他人预备的。

他们相信这种种幸福，不属于他们所有，而是属于另外阶层的人

所有，原来他们自己认为属于低等的阶层，属于没有希望的阶层。试问，一个人有了这样的自卑观念后，还怎能得到美好的享受呢？

假如一个人不想得到美好的享受，志趣卑微，自甘低下，对于自己也没有过高的期待，总是认为这世间的种种幸福并非为自己预备着的，那么这种人自然就永远不会有出息。

我们期待什么，便得到什么，人应该努力期待；假如我们什么都不期待，自然就一无所得。安于贫贱的人，自然不会过上富裕的生活。

有了成功的期待，心中却常抱着怀疑的态度，常怀疑自己能力的不足，心中常对失败有多种预期，这真是所谓南辕北辙！只有诚心期待成功的人，才能成功。

所以，做一个人必须有积极的、创造的、建设的、发明的思想，而乐观的思想也尤为重要。

有的人一方面努力这样做，而同时又那样想，最终就只有失败。假如你渴望得到昌盛富裕，而同时却怀着预期贫贱的精神态度，那么你永远不会走入昌盛富裕的大门。

有很多人虽然努力做事，但常常一事无成，原因在于他们的精神态度不与其实际努力相应和——当他们从事这种工作的时候，又在希冀着其他工作。

他们所抱有的错误态度，会在无形中把他们所真正渴求的东西驱逐掉。不抱有成功的期待，这是使期待无法实现的巨大障碍。每个人都应该牢记这句格言："灵魂期待什么，即能做成什么。"

恐惧心理常常减少人的生气，恐惧有着极大的势力，会使生命的源泉干涸。由恐惧心理所支配的生活，凡事不会成功。

只有远大的希望、深切的信仰，才能医治人的懦弱，改善人的习惯和品性。期待将来有美好的享受，期待获得健康和快乐，期待在社会上有地位，这各种期待，都是成功的资本，都有助于促成一个人的

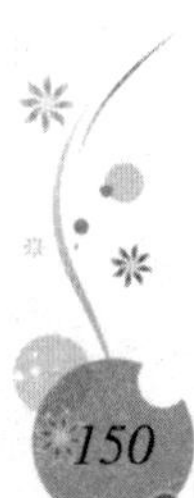

成功。

诸多成功者都有着乐观期待的习惯。不论目前所遭遇的境地是怎样的惨淡黑暗，他们对于自己的信仰、对于“最后之胜利”都坚定不移。这种乐观的期待心理会生出一种神秘的力量，以使他们达到愿望的目的。

每个人都应当坚信自己所期待的事情能够实现，千万不能有所怀疑。

期待会使人们的潜能充分地发挥出来，期待会唤醒我们隐伏的力量。而这种力量如若没有大的期待，没有迫切的唤醒，是会长久被埋没的。

战胜旧我，构建新我

很多时候，我们做事情的动力来自心理的暗示。如果心里想着，这是一件好事，一定会有一个好结果，那么我们在做事情的时候就会很开心，也会很有激情。可是如果在开始的时候就告诉自己，这是一件很糟糕的事情，即使是做了，也不会有什么好的事情发生，那么我们的信心将会受到打击，也会因为失望和难过而丧失了做事情的动力。所以我们做任何事之前，都要先预想一个好的结果。好结果很重要，有了好结果的鼓舞，你就会信心百倍，有这种积极心态的人，成功的可能性也很大。前世界拳击冠军乔·弗列勒每战必胜的秘诀是：参加比赛的前一天，总要在天花板上贴上自己的座右铭——我能胜！然而，生活中很多人，在还没有做事前，就想到事情会失败，这种心态消极、负面思考的人，结果真的就难以成功。一个人是否成功，关键在于他的心态是否积极。成功者在做事前，就相信自己能够取得成功，结果真的成功了。这是人的意识和潜意识在起作用。

一天晚上，在漆黑的偏僻公路上，一个年轻人的汽车轮胎爆了。

年轻人下来翻遍工具箱，也没有找到千斤顶，而没有千斤顶，是换不成轮胎的。怎么办？这条路半天都不会有一辆车经过，他远远望见一座亮灯的房子，决定去那个人家借千斤顶。在路上，年轻人不停地想：

要是没有人来开门怎么办？

要是没有千斤顶怎么办？

要是那家伙有千斤顶，却不肯借给我，那该怎么办？

顺着这种思路想下去，他越想越生气，当走到那间房子前敲开门，主人刚出来，他冲着人家劈头就是一句：“你那千斤顶有什么稀罕的！”

弄得主人丈二和尚摸不着头脑，认为是一个精神病人，“砰”的一声就把门关上了。

做事前，就认为自己会失败，自然就难以成功了。心理学家一般都认为，大部分的人都低估了自己，而且不愿意加以改变，这样就贬低和委屈了自己。你必须能接受你自己，你必须有健全的自尊，你必须信任自己，你必须有不以为耻的自我。你必须能随心所欲表达创造的自我，不要把它深藏、压抑。你还必须认识自己——包括你的力量、你的弱点。

如果你在想象中希望成为什么样的人，而且也确实在想象中“看到自己”在扮演那个角色，你的创造机器就可以帮助你达到最佳的自我。要改变个性，除了治疗的方法之外，这是一种必要的方式。无论如何，一个要改变的人，一定要先在心里“看到”他要变成的那个新角色。一旦修正或成功的反应形成之后，正确的反应便牢记在心，可备以后之用。人体的自动机器在以后的考验中，会重复这种已有的正确反应，它记住成功、忘却失败，用不着进一步思考就能重复这种成功的动作。也就是说，它已对此养成了习惯。

这种新观念并不是把人当成机器，而是认为人可以操作自己的大脑和身体，使它像机器一样发挥功能。这部自动创造机器的操作方法，是它必须先有一个要达到的目标，如阿列克斯·莫尔逊所说的，你必须先在心里清晰地看到一件事物，然后才可以动手完成它。你在内心清晰地看到某些事物，你的成功机器就会把它承担过来，圆满地完成这件事。

“在你心里的远方，稳定地放置一幅自己的画像，然后向前移动并与之吻合，”佛斯狄克博士说，“替自己画一幅失败的画像，就足以使你不可能胜利；替自己画一幅获胜的画像，就足以帮助你大步地迈

向成功之路。伟大的人生开始于你心里想象希望做什么事、成什么人。”你目前自我意象的形成，是你根据自己以前的经验而对自己加以定义所画出来的想象图像。

现在你可以用以前形成不合适的自我意象的同样方法，制造出合适的自我意象。每天花费30分钟的时间，自己独自一人，在不受他人干扰的情况下，尽量地放松自己，尽量使自己舒适，然后闭上眼睛，充分发挥你的想象力。

很多人发现，假如他们想象自己坐在大银幕前，正在欣赏着自己演出的艺术片，这样效果会更好。最重要的是：尽量使影片生动细腻，尽可能让心里的影片接近实际经验。做到这一点并不难，只要你在想象的环境内，注意到细节、景观、声音和事物。当然，在这个练习中，想象环境的细节非常重要，为了实际的目的，你必须制造实际的经验。你想象得越生动、越细腻，你做这个练习就越接近实际经验。

还要记住一件重要的事情。那就是在这50分钟内，你看到的自己的行动和反应必须是适当的、成功的和理想的。**你并不需要为明日的理想培养信心，神经系统会适时地处理这个问题。你只要不断地练习，看到你自己正在行动、正在感觉、正在“成为”你所希望的样子，不要对自己说：“明天我要这样做。”**只要对自己说：“今天这30分钟，我要想象自己正在如此做。”想象着如果你已经是你所希望成为的那种人，你会有什么感觉。假如你害羞、柔弱，就想象着你正在人群中泰然自若地应付自如，并且因此而感觉舒适。假如你在某些场合恐惧不安，就想象着你正在镇静地、随心所欲地自由行动，并因此而感觉很自信。

这里所做的练习，目的在于将新的“记忆”或贮藏信息送进大脑和中枢神经系统。经过一段时间的练习之后，你会惊奇地发现，自己与原来的行动不同了，而且完全是自动自发地，并不费多少力气。这是必然的结果。目前，你不需要为了付诸行动而感到别扭，或者为了

行动的无效而竭力思考、心存意图。因为你已经把真正的和想象的记忆输入自动机器里，所以目前不适的感觉与行为是自动自发地，你将发现自动机器对肯定或否定的思想和经验都会自动地进行操作。

“让抽打自己的鞭子掌握在自己的手里”，经常反思自己的行为，养成习惯，促使自己不断去超越自我。不要拿昨天的剧本来过今天的生活，战胜旧时的自我，赢来美好明天。

一次新我战胜旧我是容易做到的，难得的是把几次、几十次，甚至成千上万次自我战胜的点，连成线，构成面，完成自我教育能力。

全力以赴的人最有力量

研究发现，人类有400多种优势。成功心理学创始人之一，盖洛普名誉董事长唐纳德·克利夫顿说：“在成功心理学看来，判断一个人是不是成功，最主要的是看他是否最大限度地发挥了自己的优势。”

他是别林斯基口中的“天才的小说家”，他是马克思最喜欢的作家。他曾是巴黎戏剧舞台上的帝王。在他的著作中，端坐着“三个火枪手”和“基督山伯爵”这些侠客。在这些一个个世人熟识面孔的环绕中，他则永远安眠在了先贤祠。

19世纪时的法国，有一个穷困潦倒的青年，从乡下流浪到巴黎。他找到父亲的一位朋友，希望他能够帮自己找到一份工作，使自己能在这个大城市中站得住脚。他们在父亲朋友的家里见了面。寒暄之后，父亲的朋友问他：“年轻人，你有什么特长呢？精通数学吗？”青年羞涩地摇摇头。

“历史、地理怎么样？”青年还是不好意思地摇摇头。

“那么法律或别的学科呢？”青年再一次窘迫地低下头。

“会计怎么样……”

面对父亲朋友的发问，青年都只能以摇头作答，似乎在无声地告诉对方：自己一无所长，一无是处，连一点儿优点也找不出来。

父亲的朋友并没有对这位青年失去耐心，他对青年说“那你先把自己的地址写下来吧，你是我老朋友的孩子，我总得帮你找一份差事做呀。”

青年的脸涨得通红，羞愧地写下了自己的住址，就急忙想转身逃

开，离开这个令自己深感耻辱的地方。可是在他刚要走的时候，却被父亲的朋友叫住了，对他说："年轻人，你的字写得很漂亮嘛，这就是你的优点啊，你不该只满足找一份糊口的工作。"字写得好也算一个优点？青年疑惑地看着父亲的朋友，但他很快就在父亲朋友的眼里看到了肯定的答案。

告别父亲的朋友，青年走在路上浮想联翩：我能把字写得让人称赞，那我的字就是写得很漂亮了；能把字写得漂亮，我是不是也能把文章写得好看、引人入胜呢？受到初步肯定和鼓励的青年，开始把自己的优点置于放大镜下。他一边走一边想，兴奋得脚步都轻松起来。从此之后，这个青年开始发愤自学。数年后，这个原来沮丧失望的青年果然写出了享誉世界的经典之作，他成了一名非常杰出的作家——他就是家喻户晓的法国著名作家大仲马。他的小说《三个火枪手》和《基督山伯爵》流传至今，成为世界文学史上的经典之作。

我们每个人都像一根长短相同的杠杆，能否走上成功之道，关键在于能否找到自己的强项和优势并专注于发展自己的优势。

牛根生说："我这辈子没离开过'牛'，姓牛，养牛，做牛奶，卖牛奶，一辈子实际上只做了一件事。"

"只走专业化，不走多元化"是牛根生给自己和蒙牛制定的重要战略。牛根生解释说："著名咨询公司罗兰贝格的总裁说：'一个普通人集中于最有效的一点，将比一个在无数处分心的天才更容易获得成功。'我们将这个当作至理名言，当作我们战略的保证。外国人三代做一件事，中国人是一年做三件事。我们到外国看，三代人养牛，加起来有100多年还在养牛，还在做奶业，所以人家容易成功。而我们什么东西快做什么，什么东西好听做什么，所以最后乱了。在这方面，我们要有战略。"

牛根生的父亲是养牛的，从抗美援朝结束后开始养牛，一共养了38年。牛根生从小就和牛群在一起。1978年，父亲去世后他接班养牛。到现在，牛根生已经在这个行业待了50个年头，30年没间断地

养牛、种草、做牛奶、做雪糕。牛根生和他父亲在这个行业一共做了68年，这个情况在全亚洲都是罕见的。所以他有资本这样说："按我的经历算，在这个行业里，接触牛时间最长的就应该是我，因为其他人都是半路出家的。"

牛根生坚持做老本行，是对自身资源的最大化利用。他说："至今我还没听说过乒乓球冠军同时夺得举重第一，或者射击冠军同时拔得游泳头筹的案例。"在射击、游泳、举重、滑冰、自由体操、篮球、足球、乒乓球等任何一个项目能拿到世界冠军就绝对足够了，而要拿到世界冠军，是需要一个人拿出全部的精力与才智的。做企业同样需要集中自己的精力与才智于一个行业。美国500强企业的前10名里有石油公司、汽车公司、零售公司、金融公司、IT公司等，多元化的只有通用电气公司（GE）一家，但GE经营的范围最终也从100多个行业减少到十几个行业。GE走的是一步一步发展的道路，比如做一个灯泡做了二十几年，市场份额做到百分之九十几，才做下一个产品。下一个产品不是一下子蹦到网络或是金融上去，而是机电、电机之类的相关产品，也倾向于"专业化"。

牛根生总结道："所以，一个企业、一个组织、一个团队，如果聚精会神只做一件事，做好的可能性就比较大；如果东也想做，西也想做，不能做到专一、专注、专心、专业，那么，到头来，每个领域都可能只是个二流角色，弄不好还会沦入三流、末流。"

不仅要专注于一个行业，在这个行业里还要继续聚焦。在世界乳制品行业里，每个产品都有一个世界500强企业在做，牛奶有帕玛拉特，奶粉有阿拉·福兹，酸奶有达能，冰激凌有和路雪。牛根生说："你如果什么产品都想做，那么，就意味着你与很多个世界冠军在对打；对抗一个犹恐不胜，何况是对抗多个专业化对手？"

2000年的时候，牛根生有一次随团去酒采参观一家乳制品企业。在展览室里，陈列着40多种产品，可谓琳琅满目，于是，随行的领导很不高兴地责怪牛根生："你们才做六七种。"牛根生没说什么。等

宾主双方在会议室里座谈的时候，酒泉的那位厂长喜滋滋地说：“去年我们销了5万多元，今年的发展态势非常好，计划做到48万元的销售额!”他40多个产品全年才销48万元，蒙牛六七个产品的销售额已经有2个多亿了。接下来，轮到批评牛根生的领导自觉难堪了。牛根生的感悟是，做产品，最需要讲究的就是“优生优育”。生下羊，哪怕一窝也不值钱；生下虎，哪怕一只也大有本事！“滥生滥育”，“生”得越多浪费越大!

牛根生的建议是：“迄今为止，做企业成功的招数很多，但有一条肯定屡验不爽：聚焦，聚焦，再聚焦!”

牛根生告诉我们，在人生的坐标系中，一个人如果站错了位置——用他自己的短处而不是长处来谋生的话，他可能会在自卑和失意中沉沦。只有紧紧抓住自己的优点，并且加以利用，才有可能成功。因此运用我们自身的优势，并且将自己的优点最大化，使它发挥最大的作用，我们就离成功不远。

比尔·盖茨取得的瞩目成就与他懂得经营自己的强项是分不开的。

比尔·盖茨终生爱恋着个人电脑事业。他的技术知识是微软所向披靡的成功秘诀中最重要的一条，而这也正是他的核心强项，他始终保持着对这一领域的决定权。在许多时候，他比他的对手更清楚地看到了未来科技的走势。

与盖茨个人的以强项打天下的套路几乎如出一辙，微软公司把开发新产品作为全部事业的中心，不断根据市场需求推陈出新，发挥自身优势，力求变弱为强，深谋远虑，未雨绸缪，牢牢把握住了世界信息产业市场的未来。

微软与任何公司一样，实际上类似于一个动态的人体系统。它之所以能够有效运行，是因为微软人将竞争所需的各种技术能力和市场知识结合了起来，并且付诸行动。产品开发是微软所有事业的中心，公司的存亡和盛衰关键在于新产品。例如在20世纪90年代，微软成

功推出 Word 和 Excel 新版本，并把它们结合进 Office 套装软件，这些产品现在占微软收益和利润的一半左右。微软一向在产品开发上显示出非凡的能力，是公司的核心强项所在，而且公司不断精益求精地完善和提高这些能力，因此得到回报自然在情理之中。

微软公司今日的成功，很大程度上得益于盖茨准确的市场定位、产品的推陈出新以及对自己强项的经营程度。**可见，专注于自己的优势，全力以赴发展其强项的人最有力量。**专注发展自身优势和强项，并将其作为支点，我们每个人都可以成为那根撬动地球的杠杆。

优势本身的数量并不重要，最重要的是我们应该将自己的生活、工作和事业发展都建立于自己的优势之上，专注发展自己的优势面才能获得成功。

第六篇

迈向成熟的人生

成熟，意味着一个人真正踏上了人生的正轨。成熟，需要失去一些，得到一些，还要保留一些。既然成熟了，那就丢掉懵懂无知吧！那时候，你只知道世界很大或是很小，你也无法对生活下个定义。你生活着，或许烦恼，或许快乐。成熟后，你会知道。原来这个世界或大或小是无法形容穷尽的。你有发现，原来生活是不简单的。活着，不是单一的喜或忧，还有一些别的你必须品尝的滋味——无论是苦的还是甜的。成熟的第一步是自己负责任。要坚信自己已经不再是一个跌倒了便找把椅子来踢的小孩子了，面对人生，自己要负起责任来。

人生的责任

成熟的第一步是自己负责任。要确信自己已经不再是一个跌倒了便找把椅子来踢的小孩子了，面对人生，自己要负起责任来。

有一天，我刚学会走路的小女儿唐娜·戴尔搬着她的小椅子来到厨房里，想要爬到冰箱上去。我急忙跑过去，但已经来不及在她跌倒之前扶住她。当我把她抱起来时，她狠狠地踢了那把椅子一脚，叫道："坏椅子，害得我跌了一跤！"

你会在小孩子那里经常听见这样的借口。小孩子只会率性而为，为自己的过错而迁怒于没有生命的东西或是无辜的旁观者，对他来说这是正常的行为。

然而，如果我们将这种小孩子的反应带入成年时，麻烦就会来了。自从有人类以来，因为自己的失败和过错而责怪他人的现象一直存在着。甚至亚当也以责怪夏娃来作为借口；"是这个女人引诱我吃禁果的。"

当然，不这样做就容易多了。责怪我们的父母、老板、老师、环境、丈夫、妻子、子女比较容易，我们甚至可以责怪祖先、政府，或者，假如我们还需要一个借口的话，甚至可以责怪幸运之神。

对不成熟的人来说，他们的缺点与不幸总是有理由的。当然，除了他们自身之外的理由：他们有一个悲惨的童年；他们的双亲太穷了或者是太富有了；对他们的管教太严厉了或者是太放纵了；他们没有受过教育；他们总是受体弱多病的折磨等等，不一而足。

他们责怪配偶不了解他们，认为自己老是运气不佳，命运之神总

是和他们作对，让你觉得整个世界好像总是和这些人过不去似的。其实他们只会顺手找个替罪羔羊，而不知去设法克服困难。

我们班上有一位学员，有一天在其他的学员走了以后来找我。我们那天在课上训练学生记人名。这位女学员对我说："卡耐基太太，我希望你不要奢望能改进我对人名的记忆力，这是绝对办不到的事情。"

"为什么？"我问她。

"这是遗传的，"她回答，"我们全家人记忆力都不好，是我父母遗传给我的。所以，你要知道，我这方面不可能有什么进步。"

"××小姐，"我说，"你的问题不是遗传，是懒惰。你觉得责怪你的家人比用心改进自己的记忆力要来得容易。坐下来，我证明给你看。"

接下去的几分钟，我训练这位小姐做几个简单的记忆练习。由于她的专心练习，效果很好。我花了一些时间才消除她认为无法将脑筋训练得比前辈好的想法，不过我很高兴她做到了，终于学会了改进自己的记忆力而不是找借口。

天下的父母只因为记忆力不好而受到子女责怪的已经算幸运的了。从脱发到受到挫折，一切都怪到父母头上去似乎成了一种时尚。例如，我认识的一位女孩，她对母亲如何影响她的生活相当直言不讳。她的母亲在她还是婴儿时就成了寡妇，由于本身的能力加上辛勤的工作，她成了一位女实业家。她女儿在她的疼爱与呵护之下长大，受到良好的教育。但是，这显然还不够。这个女儿背负的最大一个十字架——是她母亲的成功！

这个可怜的女孩说她在青年时期蒙上了一层阴影，因为她感到一种跟她母亲的"竞争感"。而她困惑的母亲说："我一点都不了解她。这些年来我辛苦地工作，给她一个比我好的机会，可是实际上我好像只给了她一个心结！"

就我自己来说，我真想用发刷好好地敲打这女孩的屁股，然而似

乎为时有点太晚了。

太奇怪了，乔治·华盛顿尽管有出身良好、家境富裕的父母，但他照样能出人头地。他从没抱怨过他们可能使他造成的心结；就另一个方面来说，亚伯拉罕·林肯出身卑微，但他还是能超脱不利的环境。林肯深知不可以怪罪他人，因此1864年他发表了这样的声明："我对全美国人，对着基督世界，对历史，而且，最后，对上帝负责。"

这是人类所能发出的最勇敢的声明。**在我们能以同样的精神在上帝与人类面前承担起责任之前，我们没有权力认为自己已经成熟。**

逃避自己的过失责任最简单，最普遍的方法之一，是去找心理医生，躺在长椅上，舒舒服服地谈自己以及自己是怎么变成这样的。这也是最昂贵、最奢侈的方法之一。

假如让人家告诉你："你的一切烦恼都来自你幼年时期对保姆的病态性迷恋，或一个占有欲过强的母亲，或一个过度严格要求的父亲。"你若能感到安慰，那就去看心理医生吧。假如你付得起诊疗费的话。你一辈子就依靠这些心理学上的拐杖吧。对你来说，你已经找到了切实可行的借口。

威廉·考夫曼博士在一篇名为《愚人的精神病医学》的精彩文章中，痛斥靠愚蠢的大众发财的"心理分析密医"。考夫曼博士说，寻求精神医生帮助的病人经常"为他的缺点和反社会的行为寻找各种假心理分析的借口"。

精神病学经常为那些无能力面对成人生活的人提供一些听起来动人的借口，人们总是利用这种借口，将自己的困难归咎于外部因素。

以前受到怪罪的就是星座。"我出生的星座不好"，或"不利发展的星座"，是16世纪的人对自己的困惑或者失败的陈腐托词。

然而莎士比亚的《恺撒大帝》一剧中的卡西阿斯，却大胆断言："亲爱的布鲁特斯，我们位居下僚，错不在我们的星座，而是在我们自己。"

假如我们接受牧师的福音说明的话，耶稣基督最显著的特性是他坚定的不妥协的常识。当人们去找他帮忙与治疗时，他并不浪费时间去探测他们的潜意识，找出他们的困境该怪谁或该怪什么，只是说：“站起来走吧……不要再犯罪……你的罪过已经得到赦免了。”

耶稣的态度表明：最重要的是重新塑造自己更好的生活，而不是沉溺在自怨自艾的深渊中。

成熟的第一步是自己负责任。要坚信自己已经不再是一个跌倒了便找把椅子来踢的小孩子了，面对人生，自己要负起责任来。

积极的信念使人成功

拿破仑·希尔说："每种逆境都含有等量的成功的种子。"人类对于生活中的遭遇会很主观地赋予某种意义，积极的信念可使人越过障碍继续往前迈进，而消极的信念很可能就此毁掉整个人生。

我们很多人都有这种切身感受：当自己春风得意之时，便会感觉生活处处充满阳光；而一旦遇到困难，或身处逆境时，就觉得生活一片阴暗，甚至有一种世界末日即将来临的感觉。因此，个人主观性在很大程度上影响和改变着人们的生活和事业。

《时代周刊》上登过一篇文章，谈到在第二次世界大战中，有个士官在瓜答卡纳岛战役中被炮弹碎片刮伤了喉咙，输了7筒血。他写了张纸条问医师："我会活下去吗？"医师回答说："会的。"他又问："我仍可以讲话吗？"他再次得到了肯定的答复。于是这个士兵在纸上写道："那我还有什么好担心的？"

是啊！你为什么不也停止忧虑，对自己说："我还有什么好担心的？"也许你就会发现，你所面临的逆境其实微不足道，根本不值得你为此忧心忡忡。

拿破仑·希尔说："每种逆境都含有等量的成功的种子。"试想，生活中是否曾经有些事情似乎有巨大的困难或不幸的经历，它们却鼓舞着你取得了成功和幸福：倘若没有这些东西，你可能反而不会取得这种成功和幸福。这种情况难道不是事实吗？

在逆境中，经过种种苦难的考验，在徘徊中看到的希望，能够激励你取得成功。大科学家爱因斯坦在逆境中也要追求希望，因为牛顿

的定律不能解答他的一切问题，所以他不断地探究自然，终于提出了相对论。根据这种理论，人们找到了击破原子的方法，懂得了质量与能量相互转换的关系，并成功地征服了空间，解决了许多令人费神的问题。如果爱因斯坦没有这种坚信每朵乌云背后都必有阳光的信念，是无法取得这些成就的。

当然，我们并非都是爱因斯坦，我们的奋斗结果不一定能改变客观世界，但它却能改变我们的内心世界，使人们能沿着我们的心灵之路前进。

看一看体育发展史上的事件，我们更能明白这一点。

很多年前，人们一直以为在 4 分钟内跑完 1 英里（1.6 千米）是件不可能的事。但在 1954 年，罗杰·班纳斯特就敢于说“不”，他看到了逆境中的希望，打破了这个障碍。他能创造这项佳绩，除了得益于体能上的苦练，还归功于精神上的突破。在此之前。他曾在脑海中多次模仿 4 分钟跑完 1 英里，长久下来便形成极为强烈的信念，因而对神经系统有如下了一道绝对命令，必须完成这项任务。他果然做到了大家都认为不可能的事。

坚持成功的信念，人就能够发挥巨大的潜能。当然，信念也可能是破坏力，那就要看你从哪个角度去认识。人类对于生活中的遭遇会很主观地赋予某种意义，积极的信念可使人越过障碍继续向前迈进，而消极的信念很可能就此毁掉整个人生。

1986 年美国职业篮球联赛开始时，洛杉矶湖人队面临重大的挑战。在前一年湖人队本有很好的机会赢得王座，开始所有的球员都处于巅峰，可是决赛时却出乎人们意料地输给了波士顿的凯尔特人队，致使教练派特·雷利和所有球员都极为沮丧。

派特·雷利为了让球员自己有信心登上王座，便告诉大家只要每人能在球技上进步百分之一，那么这个赛季便会有出人意料的好成绩。百分之一的成绩看起来似乎是微不足道的，可是，如果球队的每一个球员都进步百分之一，那么这个由 12 个人组成的球队便能比以

前进步百分之十二。只要能进步百分之一以上，他们便足以赢得冠军宝座。结果大部分的球员进步了不止百分之五，有的甚至进步了百分之五十以上，结果。这一年是湖人队夺冠最容易的一年。

由此看来，无论遭遇到多大的挫折，我们始终都应该相信：风雨过后，总会有阳光。

在不可避免的压力中逃避是不行的，你必须正视它，才能战胜它。我们要有战胜逆境的决心。其实逆境并非是不可逾越的障碍，每一个困难都是一次挑战，每次挑战又都是一次机遇，战胜困难就等于抓住了机遇。

事业受挫，工作被辞、家庭危机、环境压力、城市生活缺乏归属感。在每一个年龄段，每一个层次上的人，都难免会遭遇逆境。然而，就在我们的世界里，有很多人虽然身处恶劣的环境当中，却仍神采奕奕地活着，他们受挫一次，反而将其视为一种新的力量的源泉，而非一种失败，从而把他内心最强大的潜能激发出来，取得更大的成就。因此说，在逆境面前，那些一受打击便一蹶不振的人只能一辈子做个失败者；那些相信“此路不通彼路通”的乐观进取者，才有能力走出逆境，取得成功。

横跨曼哈顿和布鲁克林河之间的布鲁克林大桥是个地道的工程奇迹。1883 年，富有创造精神的工程师约翰·罗布林雄心勃勃地意欲着手设计这座雄伟的大桥，然而桥梁专家们却劝他趁早放弃这个天方夜谭般的计划。罗布林的儿子，华盛顿·罗布林，一个很有前途的工程师，他确信大桥是可以建成的。父子俩构思着建桥的方案，琢磨着如何克服种种困难和障碍。他们设法说服银行家投资该项目，之后他们怀着不可遏止的激情组织工程队，开始建造他们梦想的大桥。

然而大桥开工仅几个月，施工现场就发生了一起极为严重的灾难性事故，约翰·罗布林在事故中不幸身亡，华盛顿·罗布林虽然保住了性命，却身受重伤，无法讲话也不能走路了。谁都以为这项工程会因此而泡汤，因为只有罗布林父子才知道如何把这座大桥建成。虽然

华盛顿·罗布林丧失了活动和说话的能力，但他的思维还同以往一样敏锐。

他唯一能动的就是一根手指，于是他就用那根手指敲击他妻子的手臂。通过这种密码方式由妻子把他的设计和意图转达给仍在建桥的工程师们。整整 13 年，华盛顿·罗布林就这样用一根手指发号施令，直到雄伟的布鲁克林大桥最终落成。

由此可见，在不可避免的压力中逃避是不行的，你必须正视它，才能战胜它。我们要有战胜逆境的决心。其实逆境并非是不可逾越的障碍，每一个困难都是一次挑战，每次挑战又都是一次机遇，战胜困难就等于抓住了机遇。

在逆境面前，我们不能逃避。逃避虽可使心理紧张得到暂时的缓解，但并不能解决实际问题。躲开逆境的现实，放弃原来追求的目标，逃到一个自认为安全惬意的地方，那是一种逃避现实的行为，长此以往，只能使人更害怕挫折和困难。

逆境是对你的考验

逆境的光顾，有自己的责任，也有别人的原因，就自己而言，一时失误大意会造成逆境降临。就别人而言在无意间造成了你生活的逆转，也不能否认有意的暗算，故意压制，蓄意陷害的事实。对前者我们较容易付诸包容之心，对于后者你也应以德报怨，显示出君子风范。

当美国第一任总统华盛顿还是一位上校的时候，他率领着他的部下驻守在亚历山大里亚。当时，那里正在选举弗吉尼亚议会的议员。有一名叫威廉·佩恩的人反对华盛顿所支持的候选人。

在关于选举的某一问题上，华盛顿与佩恩展开了激烈的争论。华盛顿出言不逊，触犯了佩恩，佩恩一怒之下，将华盛顿一拳打倒在地。华盛顿的部下听到这个消息，群情激愤，部队马上开了过来，准备替他们的司令官报仇。华盛顿当场加以阻止，并劝说他们返回营地。一场一触即发的不愉快事件在华盛顿的劝说下被化解了。

第二天一早，华盛顿派人送给佩恩一张便条，要求他尽快赶到当地的一家小酒店来。

佩恩怀着凶多吉少的心情如约到来，他猜想华盛顿一定是怀恨在心，要和他进行一场决斗。然而，出乎他意料的是，他所看到的不是手枪而是华盛顿端过来的酒杯。

华盛顿看到佩恩到来，立即起身相迎，并笑着伸过手来，说道："佩恩先生，犯错误是人之常情，纠正错误是件光荣事。我相信昨天所发生的事情是我的不对，你已经在某种程度上得到了满足。如果你

认为到此可以解决的话。那么请握我的手让我们交个朋友吧。”佩恩激动地伸过手来。从此以后，佩恩成为一个热烈拥护华盛顿的人。

做大事业的人，不能因为一点小事而耿耿于怀，要努力团结一切可以团结的力量。

美国成人教育专家戴尔·卡耐基在处理人际关系上可说是驾轻就熟。然而早年时，他也曾犯过小错误。有一天晚上，卡耐基参加一个宴会。宴席中，坐在他右边的一位先生讲了一段幽默故事，并引用了一句话，意思是“谋事在人，成事在天”。那位健谈的先生还指出他所引用的那句话出自圣经。当时，卡耐基发现他说错了，且很肯定地知道这句话出自莎士比亚之口，一点疑问也没有。

为了表现优越感，卡耐基很认真地纠正那位先生的错误。那位先生立刻反唇相讥：“什么？出自莎士比亚？不可能！绝对不可能！”那位先生一时下不来台，不禁有些恼怒。

是啊！一些无关紧要的小错误，放过去，无伤大局，那就没有必要去纠正它。这，不仅是为自己避免不必要的烦恼和人事纠纷，而且也顾及到了别人的名誉，不致给别人带来无谓的烦恼。这样做，并非只是明哲保身，更体现了你做人的度量。

一个炎热的下午，一位顾客不小心在海滨的一家私营饭店门前摔了一跤。酷暑盛夏，本来就热得心烦意乱，加上跌倒在地，丢人现眼，这位顾客便怒气冲冲地闯进饭店老板办公室，指着老板的鼻子，出言不逊地说：“你的地板太滑太危险，刚才我出去买香烟，在门口滑倒，摔伤了腰，你必须马上送我到医院进行检查治疗！”边说边用手扶着腰部：“哎哟！痛死我了……”

老板笑脸相迎。“哎呀，实在抱歉，腰伤得厉害吗？请您先稍坐一下，我马上就和医院联系，叫辆的士把你送去。”

正好一辆的士送客来住宿，老板叫司机稍候，说有人要到医院里去。老板拿着一双拖鞋，对顾客说：“我已经和医院联系好了，现在就送您去，外面有辆出租车。”

当那位顾客离开办公室时，老板把他换下来的鞋交给伙计并说：“顾客穿的鞋，鞋底都磨光了，你马上把它送到外面的修鞋处订上橡胶后快点取回。”

在医院就诊检查后，顾客回来了。结果是，腰部没有任何异常情况。老板拿着医院检查报告单对那位顾客说：“没有发现什么异常情况，真是万幸。请回饭店休息休息，喝杯冷饮解解暑吧。”

那位顾客见老板如此宽宏大度，对自己的做法感到有点内疚，并解释说：“地板刚冲过水、很滑，实在危险，我只是想提醒你注意一下，别无他意。这次摔倒的是我，要是摔倒了上年纪的人恐怕麻烦就大了。”

这时，老板拿来已修好的鞋子说：“请不要见怪，我们冒昧地请人修了你的鞋子。据鞋匠说，鞋底都磨平了，若是穿着它在楼梯上滑倒，那可就太危险了！”

那位顾客面带愧色地接过修好的鞋子，不好意思地说：“给你们添麻烦了，实在感谢，多少修理费？我按数付钱，不能让你掏腰包。”

“哪里的话，这是对您表示歉意，你若要付钱，那就太见外了。”那位顾客被老板的宽容所感动。他紧紧握住老板的手说：“请原谅我的粗鲁和无礼，真是对不起！”

老板的大度赢得了顾客的信赖，从此以后，那位顾客经常与人谈起这件事，他和他所影响的一批人成了这家饭店的常客，老板也与他结为莫逆之交。

一个推销员来到一家超市推销他们公司的香皂。超市老板正忙着指挥职员们上货，于是便不耐烦地挥挥手说道：“没看见我忙着吗？再说我这里货很多，以后再说吧！”

推销员仍然不死心，继续鼓动着如簧之舌，打算说服那个老板。

那老板显然是被惹火了，破口大骂道：“还有完吗你？刚才是给你面子，不想让你难堪，可你这个家伙却不知好歹，赶紧带着你的东西立刻滚蛋。”

这个推销员一边收拾自己的箱子，一边心平气和地对老板说："十分抱歉，我刚做业务不久，不懂的地方很多，希望您不吝赐教……对啦，要是我想把这香皂向其他地方推销的话，我该怎么说呢？"

老板的态度有所好转，见其诚恳，便对他演示了一番。只见老板把这香皂的好处说了一大串，推销员由衷地赞道："没想到您对我们公司的产品这么了解，所说的话也这么有说服力……"推销员的话让老板很满足，最后，竟定下了大批香皂。

后来，这个推销员成为一个企业家。

当人身处逆境时，各方面对你都是一种考验。如果怨天尤人，抱怨声声，结果只能是自我孤立。相反大度待人，高风亮节，自然能够赢得别人的尊重。

当人身处逆境时，各方面对你都是一种考验。如果怨天尤人，抱怨声声，结果只能是自我孤立。相反大度待人，高风亮节，自然能够赢得别人的尊重。

面对失败需要泰然处之

成功和失败本来就是一对孪生兄弟，他们常常出现在我们的生活中。我们愿意去接受成功，成功带来的是荣耀的光环，极易让我们沾沾自喜；我们讨厌失败，总是在失败的时候怨天尤人，有时甚至还会一蹶不振。

作家希威廉斯曾说，人生是一次航行，航行中必然遇到从各个方面袭来的劲风，然而，每一阵风都会加快你的航速。**不要抱怨生活中突如其来的暴风雨，而要心存感激，因为它们只不过是提醒我们要在人生的航程中把稳自己的船航。**人生的道路本来就是起起伏伏，有高有低，即使这一路上，遇见了再大的风雨，也终究会有雨过天晴的时候。

居里夫人闻名天下，但她既不求名也不求利。她一生获得各类奖金 10 次，各种奖章 16 枚，各种名誉头衔 117 个，却全不在意。有一天，居里夫人的一位朋友来她家做客，忽然看见她的小女儿正在玩英国皇家学会刚刚颁发给她的金质奖章，于是惊讶地说：“居里夫人，得到英国皇家学会的奖章是极高的荣誉，你怎么能给孩子玩呢？”居里夫人笑了笑说：“我是想让孩子从小就知道，荣誉就像玩具，只能玩玩而已，绝不能看得太重，否则将一事无成。”

我们应该像居里夫人一样，把自己的成功和荣誉看成一种平常的事物，不因沾沾自喜阻碍自己的进步。把成功仅仅视作是生活的一部分，用一颗平常心去面对，这也是居里夫人为什么取得更大成就的原因。

施利华，是著名的泰国商人，是商界上拥有亿万资产的风云人物。在1997年，面对金融危机，他破产了。面对如此的困境，他只说了一句："好哇，又可以从头再来。"于是他从容地走进街头小贩的行列，叫卖三明治。仅用了短短的一年，他东山再起，并在1998年被泰国《民族报》评选为"泰国十大杰出企业家"，且名列榜首。

在施利华的身上我们看到面对失败，他并没有怨天尤人，也没有一蹶不振，而是保持常态，用一颗平常心去面对。**最可怕的不是失败，而是没有面对失败的勇气，施利华用他平时的心态去看待自己的失败，并从头开始，一步一步，由此走出困境，再次取得成功。**

对待生活和工作我们更希望保持常胜，保持一种良好的状态。可遇到问题时，我们越是希望做到最好，但是却经常因为自己的原因让结果不尽如人意。很多的失败，并不是因为客观的原因，更多的是因为我们的情绪。

下围棋的人常说：平常心。所谓"平常心"，指的是无论面对什么样的比赛，都应该以平日下棋的心情去对待，这样就能下好。反之，过于兴奋，高度紧张，把一盘棋看得过重，以至于心理失衡，结果会事与愿违，该赢的棋也会输掉。

保持平常心，才能取得工作和生活上的成功。实际上，很多人并不是被自己的能力所打败，而是败给自己无法掌控的情绪。在现实工作中，在激烈的竞争形势与强烈的成功欲望的双重压力下，从业者往往会出现焦虑、急躁、慌乱、失落、颓废、茫然、百无聊赖等困扰工作的情绪。这些情绪一齐发作，常常会让人丧失对自身的定位，变得无所适从，从而大大地影响了个人能力的发挥，工作效能也会大打折扣。

正如古人所云"淡泊以明志，宁静以致远"，不管我们身在何种环境，承受什么样的压力，只要能够坦然面对，就能够轻松地走向成功。

在我们的生活中，无论从事何种工作，无论身处什么位置，遇到

的问题可能不同，但所面临的压力其实是一样的。在漫长的工作生涯中，不分昼夜地加班，工作碰到困难、获得褒奖、遭遇委屈，甚至是挫折连连，都是我们要经历的事情，它涉及所有的人，并不是单单指向某一个人。所以，职场中人应当努力学会，且必须学会去适应环境，而不是怨天尤人、沾沾自喜抑或是垂头丧气。因此当问题出现时我们不应该让焦虑慌乱的情绪掌握我们的理智，遇到工作上的困境请保持一颗平常心，让自己的情绪放松下来，清醒和理智地面对工作。这样我们会发现，原来工作并没有按想象中的那么发展，许多困难往往迎刃而解。在工作中保持一颗平常心是工作顺利的保证。

我们容易对现状不满，对于成功有着执着的心态，成功不是攀比得来的，人的成功有很多衡量的方式，超过别人不见得意味着成功，更可能给自己带来失败。我们可以从这棵桃树上找到一些自己的影子。

在果园的核桃树旁边，长着一棵桃树，它的嫉妒心很重，一看到核桃树上挂满的果实，心里就觉得很不是滋味儿。

"为什么核桃树结的果子要比我多呢？"桃树愤愤不平地抱怨着，"我有哪一点不如它呢？老天爷真是太不公平了。不行，明年我一定要和它比个高低，结出比它还要多的桃子，让它看看我的本事！"

"你不要无端嫉妒别人啦，"长在桃树附近的老李子树劝诫道，"难道你没有发现，核桃树有着多么粗壮的树干、多么坚韧的枝条吗？你也不动动脑想一想，如果你也结出那么多的果实，你那瘦弱的枝干能承受得了吗？我劝你还是安分守已，老老实实地过日子吧！"

自傲的桃树可听不进李子树的忠告，嫉妒心蒙住了它的耳朵和眼睛，不管多么有理的规劝，对它都起不到任何作用。桃树命令它的树根尽力钻得深些、再深些，要紧紧地咬住大地，把土壤中能够汲取的营养和水分统统都吸收上来。它还命令树枝要使出全部的力气，拼命地开花，开得越多越好，而且要保证让所有的花朵都结出果实。

它的命令生效了，第二年花期一过，这棵桃树浑身上下密密麻麻

地挂满了桃子。桃树高兴极了，它认为今年可以和核桃树好好比个高低了。充盈的果汁使得桃子一天天加重了分量，渐渐地，桃树的树枝、树杈都被压弯了腰，连气都喘不过来了。它们纷纷向桃树发出请求，赶快抖掉一部分桃子，否则就要承受不住了。可是桃树不肯放弃即将到来的荣耀，它下令树枝与树杈要坚持住，不能半途而废。这一天，不堪重负的桃树发出一阵哀鸣，紧接着就听到“咔嚓”一声，树干齐腰折断了。尚未完全成熟的桃子滚满了一地，在核桃树脚下渐渐地腐烂了。

桃树的教训是深刻的，它的诱因在于嫉妒，其根源在于缺少平常心。拥有平常心，你也就拥有了人格魅力，也就能“任云卷云舒去留无意”。平常心是颗宠辱不惊的心，它能够使你视金钱如粪土，视功名为过眼烟云。

三伏天，禅院的草地枯黄了一大片。

“快撒点草籽吧。好难看哪。”小和尚说。

“等天凉了。”师父挥挥手，“随时。”

中秋，师父买了一包草籽，叫小和尚去播种。

秋风起，草籽边撒边飘。

“不好了。好多种子都被风吹飞了。”小和尚喊。

“没关系，吹走的多半是空的，撒下去也发不了芽，”师父说，“随性。”

撒完种子，接着就飞来了几只小鸟啄食。

“要命了。种子都被鸟吃了。”小和尚急得直跺脚。

“没关系。种子多，吃不完。”师父说，“随遇。”

半夜一阵骤雨，小和尚早晨冲进禅房：“师父，这下真完了。好多草籽被雨水冲走了。”

“冲到哪儿，就在哪儿发芽。”师父说，“随缘。”

一个星期过去。原本光秃秃的地面，居然长出许多青翠的草苗。一些原来没播种的角落，也泛出了绿意。

小和尚高兴得直拍手。师父点头："随喜。"

人应当努力学会用颗平常心去面对生活，面对人生中的高低而不是怨天尤人、沾沾自喜抑或是垂头丧气，用积极的视角去看待世界，用平和的心态去踏实工作。如果随时保持一颗平常心，做到宠辱不惊、去留随意，就能够泰然面对人生的高低，不断为人生取得新的精彩。

生命中的许多东西都是可遇不可求的，那些刻意强求的东西或许我们一辈子都得不到，而不曾被期待的东西往往会在我们的淡泊从容中不期而至，因为生命是偶然和必然的。

主宰你自己的生活

你有没有想过这样一个问题：谁在掌管你的生活？当你是一个孩子的时候，你的父母在掌管你的生活。他们告诉你：什么时间上床睡觉，什么时候应该起床，你可以买什么样的玩具，甚至你要吃什么。

随后，你的老师和校长会告诉你应该做些什么，他们决定：你应该读什么书，你应该学什么知识，什么时候可以低头休息，什么时候你可以去浴室，甚至你可以吃什么。

逐渐地，你们的同伴也会对你施加一些控制，他们会告诉你：你应该穿什么样的衣服，它哪里看起来“酷”，你说话的方式，甚至你应该喝什么饮料。

当你长大成人的时候，你会向别人讨教你该做些什么。你会和朋友一起讨论你的计划，请上司为你提出建议，让顾问评估你的决定，从事一项工作，并且让老板决定你做什么。

当你很小的时候，生活非常简单。当你害怕的时候，爸爸、妈妈会来到你的房间。如果你要求，他们会留下来陪你，或者为你开着灯，哄着你人睡。他们对你尽心尽责。

现在，你们都长大了。在过去，如果事情没有朝着你们所期望的方向发展，你可以责怪你的年龄、你的社会地位、你的工作，或者你的环境。但是，你会逐渐地认识到，你可以改变这种情况，如果你愿意为做出这种改变付出必要的努力的话。

你应该相信，在生活中，你可以获得比你曾经经历过的更多。你的生活，不是由你周围的人，或你周围的环境所塑造的。你应该是自

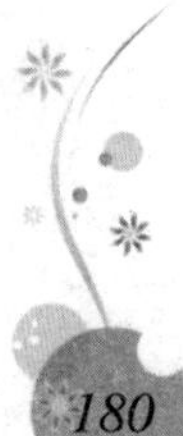

已生活的主宰。当然，你可以和其他人商量，以获得他们的忠告。但是，最终做出决定的是你。到了面对这一事实的时候，你是你生活的主人。

目标再伟大，如果不去落实，永远只能是空想。成功在于意念，更在于行动。制订目标是为了达到目标，目标制订好之后，就要付诸行动去实现它。如果不化目标为行动，那么所制订的目标就成了毫无意义的东西。

实际上，相对来说制定目标倒是很容易的，难的是付诸行动。制定目标可以坐下来用脑子去想，实现目标却需要扎扎实实的行动，只有行动才能化目标为现实。

许多人都制订了自己的人生目标，从这一点来说每一个人似乎都像一个谋略家。

但是，相当多的人制订了目标之后，便把目标束之高阁，没有投入到实际行动中去，结果到头来仍然是一事无成。

如同除了穿过黑夜不能到达早晨一样，只有行动才是达到目标的唯一途径。

目标已经制订好了，就不能有一丝一毫的犹豫，而要坚决地投入行动。观望、徘徊或者畏缩都会使你延误时间，以致使计划化为泡影。

迈克尔·戴尔总喜欢这样说："如果你认为自己的主意很好，就去试一试!"29岁的迈克尔正是以此成为企业巨子的。他如今是美国第四大个人电脑生产商，也是《财富》杂志所列500家大公司的首脑中最年轻的一个。迈克尔是在得克萨斯州的休斯敦市长大的，有一兄一弟，父亲亚历山大是一位畸齿矫正医生，母亲罗兰是证券经纪人。三个孩子当中，迈克尔在少年时期就已显出勤奋好学、干劲十足的优势。有一次，一位女推销员上门，说要和"迈克尔·戴尔先生"面谈他申请中学同等学历证书的事情。于是，当时才8岁的迈克尔就向她解释说，他认为尽早把中学文凭解决掉可能是个好主意。几年后，迈

克尔有了另一个好主意：在集邮杂志上刊登广告，出售邮票。后来，他用赚来的2000美元买了他的第一台个人电脑。他把电脑拆开，研究它怎样运作。

迈克尔读高中时，找到了一份为报纸征集新订户的工作。他推想新婚的人最有可能成为订户，于是雇请朋友为他抄录新近结婚的人的姓名和地址。他将这些资料输入电脑，然后向每一对新婚夫妻发出一封有私人签名的信，允诺赠阅报纸两星期。这次他赚了1.8万美元，买了一辆德国宝马牌汽车。汽车推销员看到这个17岁的年轻人竟然用现金付账，惊愕得瞠目结舌。

第二年，迈克尔·戴尔进了奥斯丁市的得克萨斯大学。像大多数大一学生那样，他需要自己想办法赚零用钱。那时候，大学里人人都谈论个人电脑，凡没有的人都想买一台，但由于售价太高，许多人买不起。一般人所想要的，是能满足他们的需要而又售价低廉的电脑，但市场上没有。戴尔心想："经销商的经营成本并不高，为什么要让他们赚那么厚的利润？为什么不由制造商直接卖给用户呢？"戴尔知道，IBM公司规定经销商每月必须提取一定数额的个人电脑，而多数经销商都无法把货全部卖掉。他也知道，如果存货积压太多，经销商会损失很大。于是，他按成本价购得经销商的存货，然后在宿舍里加装配件，改进性能。这些经过改良的电脑十分受欢迎。戴尔见到市场的需求巨大，于是在当地刊登广告，以零售价的八五折推出他那些改装过的电脑。不久，许多商业机构、医生诊所和律师事务所都成了他的顾客。

有一次戴尔放假回家时，他的父母表示担心他的学习成绩。"如果你想创业，等你获得学位之后再说吧。"他父亲劝他说。戴尔当时答应了，可是一回到奥斯汀，他就觉得如果听父亲的话，就是在放弃一个一生难遇的机会。"我认为我绝不能错过这个机会。"

一个月后，他又开始销售电脑，每月赚5万多美元。戴尔坦白地告诉父母："我决定退学，自己开办公司。""你的目标到底是什么？"

父亲问道。“和 IBM 公司竞争。”和 IBM 公司竞争？他的父母大吃一惊，觉得他太好高骛远了。但无论他们怎样劝说，戴尔始终坚持己见。终于，他们达成了协议：他可以在暑假时试办一家电脑公司，如果办得不成功，到 9 月他就要回学校去读书。

戴尔回奥斯汀后，拿出全部储蓄创办戴尔电脑公司。当时他 19 岁。他以每月续约一次的方式租了一个只有一间房的办事处，雇用了一名 28 岁的经理，负责处理财务和行政工作。在广告方面，他在一只空盒子底上画了戴尔电脑公司第一个广告的草图。朋友按草图重绘后拿到报馆去刊登。戴尔仍然专门直销经他改装的 IBM 公司个人电脑。第一个月营业额便达到 18 万美元，第二个月 26.5 万美元，不到一年，他便每月售出个人电脑 1000 台。积极推行直销、按客户的要求装配电脑、提供退货还钱以及对失灵电脑“保证翌日登门修理”的服务举措，为戴尔公司赢得了的广阔的市场。戴尔电脑公司鼓励雇员提出新的主意。雇员提了一个主意之后，如果公司认为值得一试，那么，即使后来证明不可行，雇员也会获得奖赏。到了迈克尔·戴尔本应大学毕业的时候，他的公司每年营业额已达 7000 万美元。戴尔停止出售改装电脑，转为自行设计、生产和销售自己的电脑。

今天，戴尔电脑公司在全球 16 个国家（包括日本）设有附属公司，每年收入超过 20 亿美元，有雇员约 5500 名。戴尔个人的财产，估计在 2.5 亿到 3 亿美元之间。

戴尔的经历启示我们：**你应该去尝试实现自己的梦想，尝试去做你内心真正喜欢的事。行动是通向成功的唯一途径。**

万事开头难！要干成一件事情，人们总是觉得迈第一步困难重重，总是下不了决心。于是便迟疑不决，犹豫不定，今日推明日，明日推后天，这样推来推去便延误了时间，也就推迟了成功之日的到来。

对于一个想干一点事情的人来说，这样迟迟不见行动是十分有害的，不仅不能实现自己确定的目标，而且消磨意志，使自己逐渐丧失

进取心。

一个人要做一件事，常常缺乏开始做的勇气。但是，如果你鼓足勇气开始做了，就会发现做一件事最大的障碍，往往是来自自己的内心，更主要是缺乏行动的勇气，有了勇气下决心开了头，似乎再往下做就会是顺理成章的事情了。

有了第一步，就会有第二步、第三步……这样不断地做下去，你就会发现离目标越来越近，你的目标正在渐渐地化为现实。

要使美梦成真的唯一途径就是去实践它，只要定位清晰，目标明确，那么当你投入一分心力，也将向成功走近一步。

面对悬崖峭壁，一百年也看不出一条缝来。但用斧凿，能进一寸进一寸，得进一尺进一尺，不断积累，飞跃必来，突破随之。记住：行动是通往成功的唯一道路！